硅油-橡胶耦联隔振器
动态建模与实验方法

孙小娟　著

北　京
冶　金　工　业　出　版　社
2024

内 容 提 要

本书系统地阐述了黏弹性隔振器的动态特性建模和实验方法，通过理论分析、实验设计和数值计算研究了硅油-橡胶耦联隔振器的低频动态特性，揭示了此类隔振器刚度和阻尼产生机理，主要内容包括黏弹性隔振器动态特性理论和实验研究现状和趋势、表征隔振器动态特性的动刚度理论、隔振器动态特性的两种实验测试方法和几种建模方法，分析了隔振器的低频动刚度特性及具有隔振器典型动态特性的隔振系统响应特性，并进行了现场工程测试。

本书可供机械工程、土木工程等行业从事减振降噪工作的科研人员和工程技术人员阅读，也可供高等院校相关专业的师生参考。

图书在版编目（CIP）数据

硅油-橡胶耦联隔振器动态建模与实验方法 / 孙小娟著. -- 北京 : 冶金工业出版社，2024. 10. -- ISBN 978-7-5024-9991-4

Ⅰ. TB535

中国国家版本馆 CIP 数据核字第 20241V4R22 号

硅油-橡胶耦联隔振器动态建模与实验方法

出版发行 冶金工业出版社　**电　话** (010)64027926
地　址 北京市东城区嵩祝院北巷 39 号　**邮　编** 100009
网　址 www. mip1953. com　**电子信箱** service@ mip1953. com

责任编辑 杜婷婷　美术编辑 吕欣童　版式设计 郑小利
责任校对 范天娇　责任印制 窦　唯
北京建宏印刷有限公司印刷
2024 年 10 月第 1 版，2024 年 10 月第 1 次印刷
710mm×1000mm　1/16；10. 5 印张；202 千字；156 页
定价 68. 00 元

投稿电话　(010)64027932　投稿信箱　tougao@cnmip. com. cn
营销中心电话　(010)64044283
冶金工业出版社天猫旗舰店　yjgycbs. tmall. com
(本书如有印装质量问题，本社营销中心负责退换)

序

小娟博士是我最欣赏的学生之一，两年前她还在学术上默默耕耘，来我这里做实验，出国深造，然后不断在国内外发表研究论文。忽约我给她的专著作序，恍然原来“厚积薄发”！遂欣然提笔，此乃我第一次给自己的学生写序，甚是欢喜！

小娟博士敏而好学，平时常和我讨论问题。作序之前我系统拜读本书多次，有诸多感受和体会。

早在20世纪初，就有专家提出将橡胶弹簧结合液阻应用车辆隔振，大约20世纪60年代，世界上第一个车辆商用硅油-橡胶耦联隔振器延生。到目前为止，硅油-橡胶耦联隔振器已经发展出多种形式，也形成了一些相关的理论和设计方法。不同于一般的隔振器，硅油-橡胶耦联隔振器的特点在于静态承载能力强，低频隔振性能好。

小娟博士在本书中将自己在此领域的研究进行了全面总结，形成了系统理论和设计方法。据我所知，本书可能是目前国内外在该领域的第一部专著，作者通过深入研究，揭示了硅油-橡胶耦联隔振器低频非线性刚度和阻尼变化机理；结合自己的研究成果，系统地论述了硅油-橡胶耦联隔振器的动态特性理论建模和仿真方法；系统总结了隔振器动刚度的试验方法，对硅油-橡胶耦联隔振器低频动态特性的试验方法进行了完善；最后给出了研究成果的应用实例。

本书为从事该领域研究和应用的学者、工程技术人员提供了系统的理论参考，一定会给他们带来研究的灵感和设计的创新；本书也可作为相关专业的教材，帮助学生完成基础学习，培养学生对科学的热爱和追求。

东南大学教授 [signature]

2023 年 12 月 18 日于东南大学九龙湖校区

前　言

现代工业的发展对结构轻质、重载、高速等方面不断提出更高要求，结构振动和噪声控制不断面临新的挑战。低频振动噪声环境往往与大振幅密切相关，而且普遍存在非线性因素，因此低频减振降噪技术一直是研究的难点之一。由于橡胶材料动态特性的优越性，橡胶隔振器已经被广泛应用于航空航天、载运工具、土木建筑等多种工业领域中。然而，橡胶隔振器动态刚度和阻尼变化范围有限，为了满足更加恶劣工况激励下的低频振动噪声控制的需求，近年来以橡胶和硅油尤其是高黏度硅油为主介质的多材料、多结构耦联减振元件备受青睐，是新型隔振器研究热点之一。

作者在攻读博士期间有幸作为科研骨干参与到江苏省科技支撑计划项目“具有自适应控制性能的 XE210D 履带式液压挖掘机研发”（BE2010047）和江苏省前瞻性联合研究项目“面向新一代高档工程机械的 NVH 关键技术研究”（BY2014127-01）中，对硅油-橡胶耦联隔振器动态特性进行了研究。之后，作者先后负责太原科技大学博士科研启动项目（20142035）、山西省高等学校科技创新项目（2019L0644）、山西省基础研究计划项目（20210302124698）、国家自然科学基金项目（52202478）等，并获得国家留学基金管理委员会（CSC）资助在英国南安普敦大学的声音和振动研究所（ISVR）进行为期一年的访学，进一步对硅油-橡胶耦联隔振器动态特性进行了较深入的研究。

根据应用场合不同，硅油-橡胶耦联隔振器结构形式多种多样，本书以工程机械驾驶室隔振器为例，对多年的研究成果进行整理、归纳、总结和凝练，书中内容引用了以上项目的部分成果，相关的建模理论和实验方法是研究隔振装置的通用技术，真诚希望可以达到科研服务于社会、服务于公众、服务于我国高端制造业的目的。

本书共分5章。第1章介绍了硅油-橡胶耦联隔振器的结构形式和应用领域，综述了黏弹性隔振器动态特性建模和实验研究方法。第2章介绍了表征隔振器动态特性的动刚度理论。第3章阐述了硅油-橡胶耦联隔振器低频动态特性的实验研究。第4章阐述了硅油-橡胶耦联隔振器低频动态特性的建模方法研究，从机理上解释了所研究隔振器适用于低频工况的优越性。第5章分析了硅油-橡胶耦联隔振器应用于工程机械隔振系统的响应特性，以及现场工程测试结果。

本书在撰写过程中，得到了张建润教授的支持和鼓励，在此表示衷心感谢；同时对访学期间的导师David Thompson教授以及参与课题研究的杨郁敏、刘世杰、左佑亮、任嘉辉、傅琪迪、张诚、王园、杜晓飞等一并表示衷心感谢；感谢本书所引用文献资料及插图的相关作者；特别感谢国家自然科学基金对本书出版给予的资助。

由于作者水平所限，书中不妥之处，希望同行和读者批评指正。

孙小娟

2023年11月

目　　录

1 硅油-橡胶耦联隔振器的结构与动态特性研究进展

1.1 硅油-橡胶耦联隔振器的结构和应用

橡胶材料具有诸多优点，如耐磨、耐寒、有一定承载能力等，易于制作成各种形状的减振降噪装置，被广泛应用于航空航天、交通运输、化工设备等多种工业领域中。然而，橡胶材料的动态刚度和阻尼变化范围有限，往往难以达到对低频大振幅振动噪声控制的要求。硅油性能稳定，较普通液压油容易实现密封。高黏度有机硅油（又称硅胶胶泥、弹性胶泥）是一种聚合物流体，具有剪切稀化和可压缩性等复杂流体特性，兼具黏性和弹性特性；以高黏度硅油为介质的黏滞阻尼器具有容量大、阻抗小、维护费用低等优点。根据应用场合的不同，可以设计成结构形式不同的硅油-橡胶耦联复合型隔振元件。在低频工况下，硅油和橡胶联合作用，可以在刚度增加不多的情况下弥补橡胶材料阻尼不足的问题。根据已经公开的报道，硅油-橡胶耦联隔振器已经在航空航天、交通工具等很多工业领域有所应用，例如，图 1-1[1] 和图 1-2[2] 所示是应用于直升机相关结构减振的硅油-橡胶耦联减振装置，图 1-3 所示是应用于汽车发动机曲轴减振的硅油-橡胶复合式扭转减振器[3]，图 1-4 所示是应用于工程机械驾驶室悬架系统的硅油-橡胶隔振器[4]。

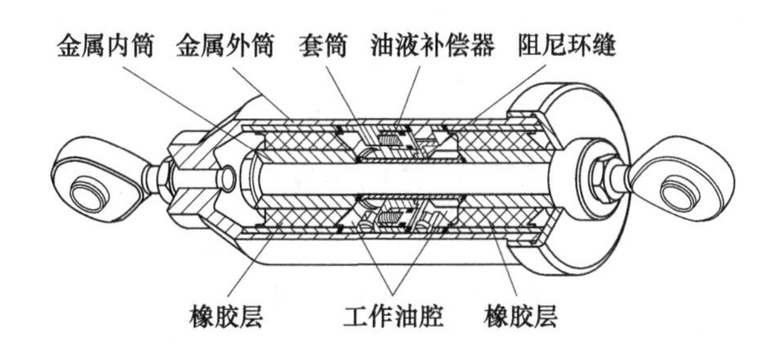

图 1-1　直升机旋翼液弹阻尼器模型剖视图[1]

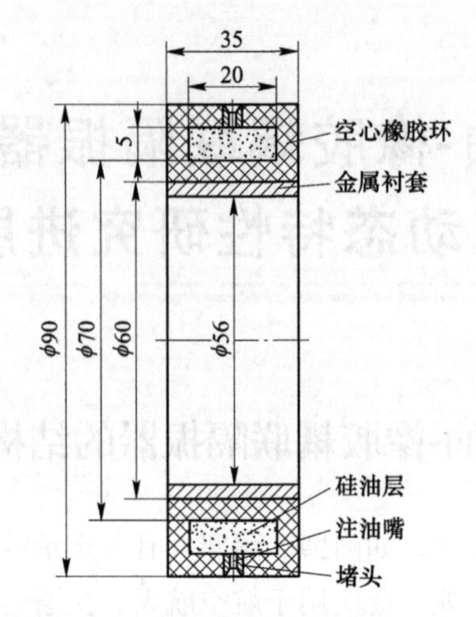

图 1-2　直升机传动轴系环形橡胶-硅油组合式减振器结构图[2]

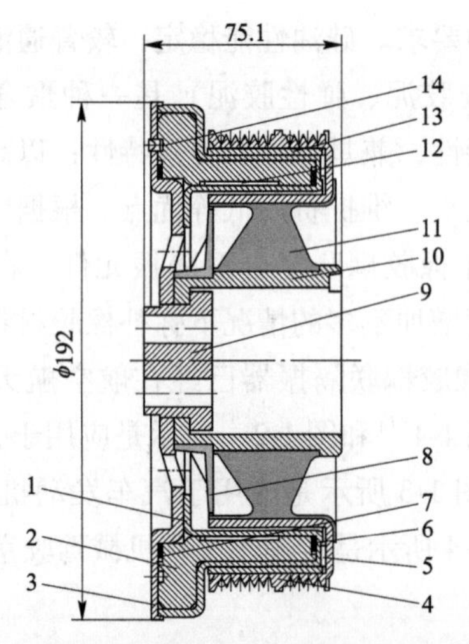

图 1-3　硅油-橡胶复合式发动机曲轴扭转减振器装配图[3]

1—壳体；2—惯性块；3—盖板；4—皮带轮；5—底面轴承；6，7—支承环；8—防尘盖；9—压块；10—连接套；11—天然橡胶；12—轴承；13—复合轴承；14—封堵

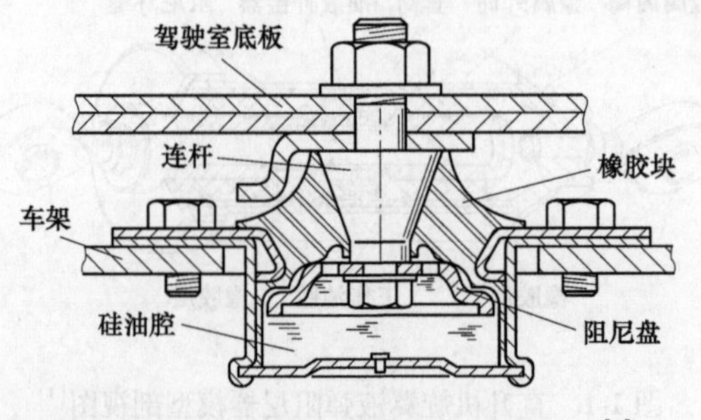

图 1-4　硅油-橡胶工程机械驾驶室悬置[4]

1.2 材料特性

本节大部分内容是对文献［5］和［6］中相关内容的整理和综合。其中，文献［5］是作者在英国南安普顿大学 ISVR 做访问学者时，与 Thompson 教授合作完成的一篇综述论文。

1.2.1 橡胶和橡胶类材料

橡胶材料本身具有非线性动力学特性，表现出不同的动力学行为，包括超弹性（大应变下的非线性弹性行为[7]）、黏弹性（弹性和黏性行为的结合）以及迟滞行为。一直以来，人们对橡胶材料的这些行为往往是分开来讨论，而 Penas 等人[8]在最近的研究中指出，超弹性、黏弹性和率不相关迟滞性三者是相互依赖的，假设对于黏弹性或者迟滞性行为的率不相关性是理想化的，那么两者均不能完全符合现实。

橡胶材料在具有超弹态的力学性能同时具有固体、液体和气体的某些性质[9]。橡胶材料在受到的力较小时，具有固体性质，其应力-应变关系遵循线性 Hooke 定律；当线膨胀系数和等温压缩系数达到流体标准时，橡胶具有类似于流体的性质；当应力随温度升高逐渐变大时，橡胶的性质与气体类似。综上所述，橡胶材料的超弹性主要表现在[9]：（1）橡胶的可逆弹性形变大；（2）弹性模量小；（3）高弹模量随温度增加而增加；（4）快速拉伸时，橡胶会因放热而温度升高；（5）橡胶材料弹性本质上是一种熵弹性。

图 1-5 所示为橡胶材料超弹性特性的应力-应变曲线。

黏弹性材料同时具有弹性材料的形变恢复能力和黏性材料的能量耗散，在承受外界载荷时能量的存储和耗散同时进行，表现出材料的弹性和黏性两种特征[10]。在循环载荷的作用下，弹性材料的应变和应力是同步的，不存在滞后现象。用相位角 φ 表示材料的应力和应变的相位差，弹性材料的相位角为 $\varphi=0$，黏性材料的相位角为 $\varphi=\frac{\pi}{2}$，当橡胶材料表现出黏弹性行为时，相位角为 $0<\varphi<\frac{\pi}{2}$。弹性材料、黏性材料和黏弹性材料的应力-应变迟滞回线如图 1-6 所示。

黏弹性材料的弹性和黏性特性通常采用复模量（弹性模量或者剪切模量）来表示，以复弹性模量 E^* 为例：

$$E^* = E'(1 + j\eta) \tag{1-1}$$

式中，E' 为实模量；η 为损耗因子，$\eta=\frac{E''}{E'}$，E'' 为虚模量。

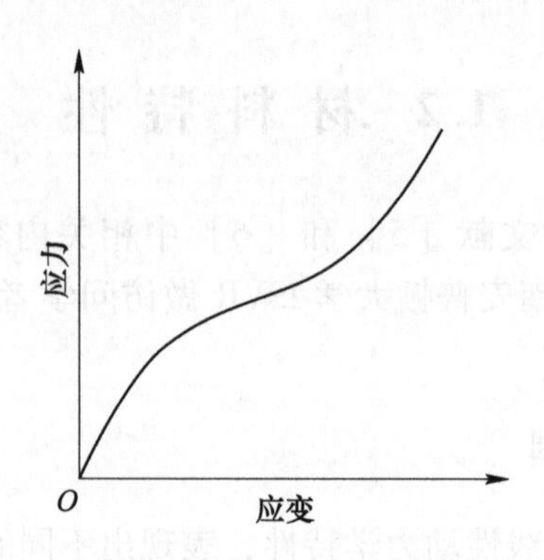

图 1-5　橡胶材料超弹性特性的应力-应变曲线

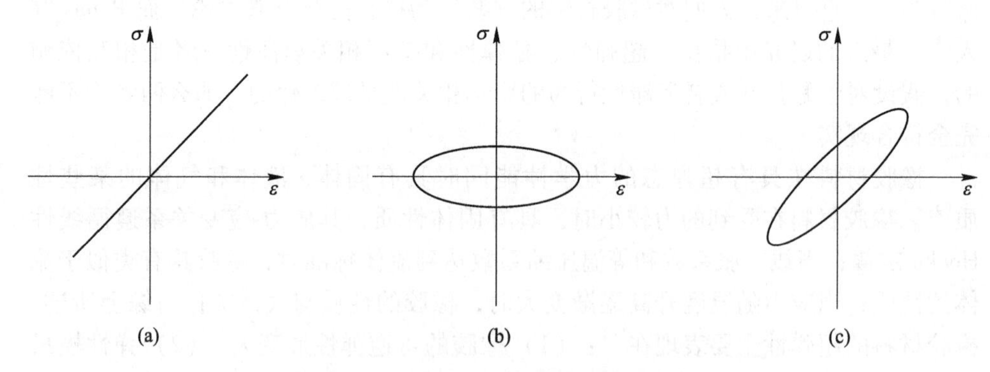

图 1-6　材料的应力-应变迟滞回线

（a）弹性材料；（b）黏性材料；（c）黏弹性材料

黏弹性材料具有典型动态特性：其模量和损耗因子是频率 ω 和温度 T 的函数，因此，橡胶材料具有频率和温度依赖性，而且这两种特性的变化规律正好相反[11-13]。橡胶材料的频率依赖性，是指当温度一定时，在相同振幅的简谐激励下，材料的模量和损耗因子会随频率的变化而变化。同样，橡胶材料的温度依赖性，是指在激励频率一定的情况下，材料的模量和损耗因子会随温度的变化而变化。图 1-7 所示为黏弹性材料的实弹性模量和损耗因子与频率和温度的典型依赖关系。图中整个区域被两根垂直虚线分为三个区域，随温度升高或频率减小，图中区域从左到右依次为玻璃态、过渡转变态和橡胶态。过渡转变态，在实模量随频率或者温度快速变化时，近似对应于 E' 的拐点，损耗因子 η 达到最大值，这里定义了黏弹性材料的一个重要参数，即玻璃化转化温度 T_g[13]。此外，图 1-7 中显示出不同类型阻尼器所采用的黏弹性材料的最佳区域[12]：区域 A 具有高模量和高损耗因子，最适合自由层处理；区域 B 具有低模量和高损耗因子，最适合约束层处理；区域 C 具有低模量和低损耗因子，最适合调谐质量阻尼器。

橡胶材料特别是填充硫化橡胶材料，具有两个著名的应力软化或者硬化效

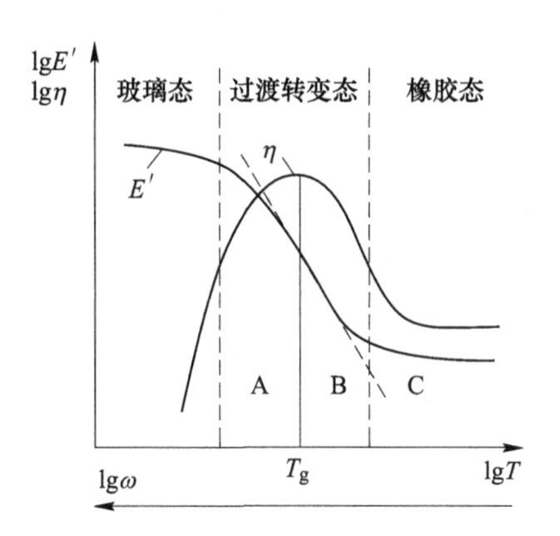

图 1-7 橡胶材料特定频率下的温度依赖性/特定温度下的频率依赖性

应——Payne（或者 Fletcher-Gent）效应和 Mullins 效应。Payne 效应为材料的振幅依赖特性，即在循环加载下，材料动态模量随应变幅值的增加而下降，至少是从小应变到中应变，特别是如果橡胶材料中含有增强填料或块状共聚物[14]。Mullins 效应描述了前几次循环加载下的循环应力软化，以及当拉伸超过之前施加的最大拉伸力时材料恢复并返回到初始应力-应变路径的能力[15-16]。橡胶样件进行测试时，通常在测试之前对测试对象进行一定的调节，以尽量减少 Mullins 效应的影响。

此外，橡胶材料的非线性特性还包括预应变依赖性和应变率依赖性等[15]。

1.2.2 硅油材料的流体特性

耦联隔振器中所用的硅油常温下以液体形态存在，其中以二甲基硅油比较常见。二甲基硅油属于高聚物，也具有第 1.2.1 节所述的材料特性，除此之外，还具有剪切稀化特性，属于非牛顿流体[17-19]。当隔振器处于低频范围内工作时，硅油可以被认为是不可压缩的流体；当频率变高时，硅油的可压缩性逐渐显现[19]。根据牛顿内摩擦定律，不可压缩黏性流体流动时，其剪切应力和剪切应变速率应该成正比，用公式表示为：

$$\tau = \mu \dot{\gamma} \tag{1-2}$$

式中，τ 为剪切应力；$\dot{\gamma}$ 为剪切应变速率；μ 为动力黏度系数。

而非牛顿流体不遵循牛顿内摩擦定律，其剪切应力和剪切应变速率呈非线性关系。此外，当频率变高时，硅油隔振器除了表现出黏性阻尼力，弹性力也逐渐显现。

1.2.3 材料本构关系与隔振器宏观动力学建模

通常，对橡胶和硅油等材料所构成的隔振元件的建模可以分为两个不同领域[20]：

（1）材料的本构模型，该类模型可以被用于有限元建模中；

（2）集总参数模型，该类模型反映的是元件宏观力学行为。

材料本构模型描述了材料的应力-应变关系，而集总参数模型描述了隔振元件的力-位移关系。集总参数模型通常以材料本构模型为基础，因此对于同一个元件，这两种模型一般写成类似的形式[21-23]。例如，文献［21］中采用所预期的材料应力-应变关系建立了一种钢轨扣件的分数阶导数 Kelvin-Voigt 模型，模型中的参数则基于扣件动刚度实验进行识别。文献［22］和［23］中对一种应用于抗震和隔振的硅油黏滞阻尼器进行研究，结果表明所提出的用于描述力-位移关系的分数阶导数 Maxwell 模型中的松弛时间和分数阶参数与描述流体材料应力-应变关系的相关参数非常接近。通常，材料的储存和损耗模量与黏弹性元件的储存和损耗刚度参数值没有明显的差别[24]。

1.3 隔振器动态特性建模方法

1.3.1 线性建模方法

在工程实践中，在小振幅激励情况下对橡胶和橡胶类材料的隔振器采用线性近似，对高频分析具有足够的精度。实际上，橡胶材料在高频下的行为本质上是黏弹性的[8]。弹性材料隔振器所产生的力可以写为：$F_{弹}=ky$，称为 Hooke 模型，如图 1-8（a）所示，式中，k 为隔振器刚度，y 为隔振器位移变形，$y=x_1-x_2$；黏性材料隔振器所产生的力可以写为：$F_{黏}=c\dot{y}$，称为 Newton 模型，如图 1-8（b）所示，式中，c 为隔振器黏性阻尼系数，$\dot{y}$ 为隔振器变形速率。对黏弹性材料隔振器的建模方法，目前已经有很多种。

1.3.1.1 基于经典本构关系的建模方法

黏弹性本构关系中最基本的建模元素即为图 1-8（a）所示的弹簧（存储）单元和图 1-8（b）所示的黏性（耗散）单元；经典的黏弹性本构模型，如 Kelvin-Voigt、Maxwell 和 Zener 模型，均由这两种单元组合而成，如图 1-8（c）~（e）所示。以上本构模型以及对应的分数阶导数模型，被广泛应用于描述黏弹性隔振器的频率依赖特性，其动刚度可以方便地通过傅里叶变换进行计算。表 1-1 中列举了三种经典黏弹性本构模型以及相应的分数阶导数模型的数学表达式和动刚度表达式，其中，α 和 β 是分数阶导数的阶数。

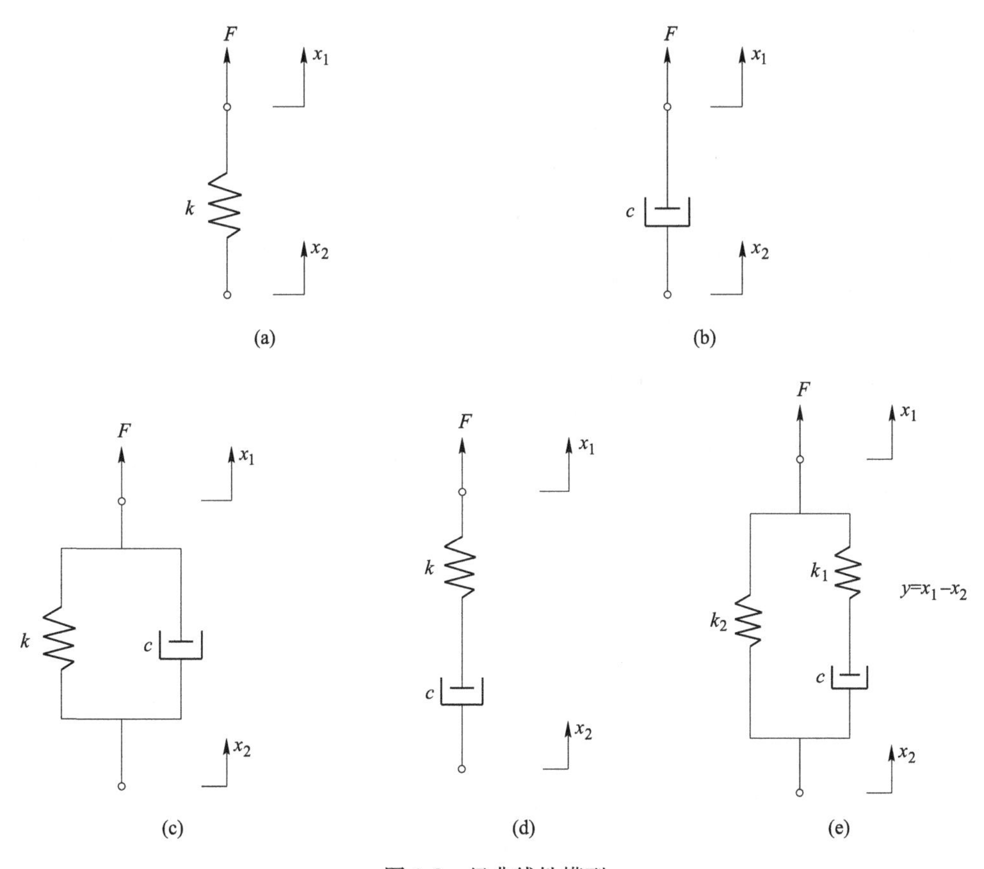

图 1-8 经典线性模型

(a) Hooke 模型；(b) Newton 模型；(c) Kelvin-Voigt 模型；(d) Maxwell 模型；(e) Zener 模型

表 1-1 经典一维黏弹性模型数学表达式及动刚度

序号	模型	表达式	动刚度
1	Kelvin-Voigt	$F = ky + c\dot{y}$	$k + \mathrm{j}\omega c$
2	Maxwell	$F + \lambda \dot{F} = c\dot{y}$, $\lambda = \dfrac{c}{k}$	$\dfrac{\mathrm{j}\omega c}{1 + \mathrm{j}\omega\lambda}$
3	Zener	$F + \lambda \dot{F} = k_2 y + (k_1 + k_2)\lambda \dot{y}$, $\lambda = \dfrac{c}{k_1}$	$\dfrac{k_2 + \mathrm{j}(k_1 + k_2)\lambda\omega}{1 + \mathrm{j}\omega\lambda}$
4	分数阶导数 Kelvin-Voigt	$F = ky + cD_t^{\alpha} y$	$k + (\mathrm{j}\omega)^{\alpha} c$
5	分数阶导数 Maxwell	$F + \lambda D_t^{\alpha} F = cD_t^{\beta} y$	$\dfrac{(\mathrm{j}\omega)^{\beta} c}{1 + (\mathrm{j}\omega)^{\alpha}\lambda}$
6	分数阶导数 Zener	$F + \lambda D_t^{\alpha} F = k_2 y + (k_1 + k_2)\lambda D_t^{\beta} y$	$\dfrac{k_2 + (\mathrm{j}\omega)^{\beta}(k_1 + k_2)\lambda}{1 + (\mathrm{j}\omega)^{\alpha}\lambda}$

但是在很多情况下，图 1-8（c）~（e）所示的三种经典模型很难准确描述隔振器的动态特性[25-27]。为能提高准确度，广义模型被提出，即将多个黏性单元和弹性单元并联或串联起来。例如，Singh 和 Chang[28] 分别运用广义 Kelvin-Voigt 模型和广义 Maxwell 模型描述黏弹性阻尼器的频率依赖性，通过实验证明当广义模型中具有足够数量的经典模型时，其与分数阶导数模型的建模能力一样强，且同样可以运用到动态响应分析中。但是这种方法所需要的参数较多，且参数过多导致其中一些参数没有实际的物理意义。

分数阶微积分模型所用参数较少，对比整数阶导数模型，能够以紧凑的方式更准确地描述许多黏弹性材料的频率依赖特性，因此近几十年来，得到了迅速的发展和广泛的应用。分数阶微积分是处理任意阶（即非整数阶）积分和导数的学科[29-30]，分数阶导数是用分数阶积分定义的。通常，运用分数阶微积分理论对隔振器黏弹性行为进行建模的方法可以分为两类[31]：一类是基于柯西积分的分数阶微积分公式的解析变换，例如 Caputo 分数阶导数[32-35]；另一类是基于 Grünwald 定义变量的数值估计[32-36]。

1.3.1.2 基于波动理论的建模方法

在高频振动下，当隔振器的尺寸与内部弹性波半波长的倍数相当时，隔振器的质量会在系统中引入内共振[37]。这些内共振也称为波动效应，会导致隔振器动态特性进一步频率依赖。目前，基于波动理论的研究主要集中在橡胶隔振器，少量研究了钢螺旋弹簧[38]；此类研究中隔振器建模主要局限在线性时不变系统。实际上，“高频”是一个相对概念，取决于研究对象的尺寸、刚度和质量。Noll 等人[39]指出，对于许多弹性材料隔振器，在频率高于 100 Hz 时，传递动刚度和点动刚度的结果与低频结果明显不同。他们使用直接测试法研究了某橡胶元件在小应变假设下的频率依赖行为，结果表明，在频率达到 600 Hz 时，隔振器的内共振对其动刚度具有明显影响。Lee 和 Thompson[38] 的研究表明，对于汽车悬架的螺旋弹簧，由于内共振的影响，动刚度在低至约 40 Hz 的频率时便急剧增加。

集总参数模型可以用来近似地研究隔振器内共振的影响[39]，然而，更精确的研究需要运用连续体模型。一个橡胶隔振器可以被看作是一个有限长的圆柱体，例如，可以被看作在轴向上是一根有限的杆[40-43]，或者在横向上是一根有限的梁[44-48]。Kim 和 Singh[48] 基于 Timoshenko 梁和 Euler 梁对橡胶隔振器建模，根据振动功率测试结果对比了两种模型的结果，研究表明对于具有一定厚度的隔振器，有必要充分考虑其剪切变形和旋转惯量，以便正确描述隔振器在高频能够有效传递弯曲波的动态特性。然而，以上研究在建模时每个模型只考虑了特定自由度下传播的一种或几种波形。因此，Fredette 和 Singh [49] 对形状类似一根短梁的圆柱形橡胶隔振器，建立了一个耦合 6 自由度动刚度模型，在 Timoshenko 梁的剪切和弯曲理论基础上，假设沿着梁的自由度存在纵波和扭转波，并在建模时将两参数分数阶阻尼（分数阶导数 Kelvin-Voigt 模型的阻尼形式）引入弹性模量中。此外，文献［50］~［54］对圆柱形橡胶隔振器提出了在听觉频率范围内的动刚度波导模型。文献［38］对一种钢螺旋弹簧基于 Timoshenko 梁理论推导了 6 自由度运动方程组，并求解了动刚度矩阵。这些模型均以复弹性模量、复体积模型和复剪切模量的形式引入结构阻尼。

1.3.2 非线性建模方法

线性模型可以在一定条件下满足建模要求，但是在很多工况下其很难对隔振器动态特性进行满意的描述。实际上，除了橡胶和硅油材料本身具有非线性外，隔振器的结构设计往往也会带来非线性[55]。隔振器的非线性特性不仅对隔振系统（包括被动和主动控制系统[56]）的动力学性能产生重要影响，而且还可以被利用以设计性能更优的系统，例如本书阐述的硅油-橡胶耦联隔振器。

1.3.2.1 基于经典本构关系的模型

第 1.3.1.1 节中所述的经典本构模型只能对橡胶隔振器的黏弹性特性具有较好的描述能力。有效模拟橡胶隔振器的非线性特性，一种常用的方法是建立叠加的本构关系模型[25]，这类模型中力和位移（或者应力和应变）之间的关系通常写成几个平行单元模型的叠加，每个单元模型都具有描述橡胶材料一种动态特性（超弹性、黏弹性和滞后性）的能力。例如，Berg 提出的橡胶隔振器模型[57-58]，将橡胶隔振器两端产生的力表示为弹性力、摩擦力和黏性力之和。文献［20］、［32］、［33］、［59］~［62］使用 Berg 模型或者 Berg 模型的扩展模型，即将 Berg 模型中的摩擦力模型与 Sjöberg 和 Kari[32] 提出的分数阶导数黏弹性模型相结合，研究橡胶隔振器的非线性行为。近期，Zhu 等人[63]将扩展的 Berg 分数阶导数模型应用到车辆-轨道耦合系统动力学分析的钢轨垫片建模中；Yang 等人[36]采用相近的模型同时对高速铁路车辆的主悬架和轨道垫片进行建模。通常，这类叠加模型主要对隔振器单自由度特性进行建模。Gil-Negrete 等人[62]通过有限元建模方法研究填充橡胶隔振器在 500 Hz 频率范围内受到不同激励振幅时的响应特性，结果表明所提出的叠加模型能够对隔振器多自由度的动刚度进行预测。然而，叠加模型的缺点之一是包含了非线性摩擦力和分数阶导数黏弹性模型，会导致计算时间较长[31,64]。

除了叠加模型，对于隔振器的预载荷（材料对预应变）依赖性，基于黏弹性线性本构模型，另一类非线性模型的建模思路通常是将一个小振幅振动叠加在预加载荷状态上。可以通过两种方法来实现[25]：

（1）通过在集总参数方法中建立一个具有预应变函数的非线性黏弹性模型；

（2）在有限元方法中将超弹性模型与线性黏弹性模型相结合使用。

然而，在实际应用中，通常需要同时考虑静态预载荷和振动幅值所带来的非线性因素。例如，Pu 等人[65]对一种橡胶隔振器建立了一个非线性 Zener 模型，采用三参数指数函数 $\alpha e^{\beta X}+\gamma$ 来拟合模型中的两个刚度参数作为预载荷的函数，阻尼系数为速度的函数，以描述预载荷和振动幅值的依赖特性。Li 等人[66]建立了一个非线性修正分数阶导数 Zener 模型，通过引入平均应变来捕捉橡胶材料在谐波激励下的振幅依赖性和缓慢稳定特性。Xia 等人[67]对一种橡胶衬套隔振器采用 Zener 模型描述其频率依赖性，并引入操作系数来拟合轴向和径向动刚度的振幅和预载荷依赖性；所提出的模型被用于某越野车传递路径分析中，得到了较好的结果。

1.3.2.2 基于实验现象的建模方法

目前，应用比较广泛的几种基于实验现象的建模方法有迹法模型、一阶微分方程模型和双线性恢复力模型等[68]。

迹法模型有许多具体表现形式，基本方法是将恢复力迟滞回线的基架线当成非线性弹簧处理，纯滞后环当成阻尼处理。这些方法通常采用位移和速度多项式拟合函数来建模橡胶隔振器的刚度和阻尼参数，描述频率和预载荷依赖性[69]或者激励振幅依赖性[70]或者预载荷和振幅依赖性[71]。有些研究采用更为复杂的拟合函数来描述隔振器刚度和阻尼特性。例如，周艳国和屈文忠[72]给出金属橡胶隔振器的两种迹法模型推导：一种是综合干摩擦和线性黏性阻尼的迹法等效阻尼模型；另一种是兼有干摩擦和速度依赖性黏性阻尼的混合型阻尼模型。

Bouc-Wen 模型为一种常用的一阶微分方程模型，其迟滞回线由两条光滑曲线组成，迟滞恢复力被描述成一阶微分方程，不特意区分弹性力和阻尼力，目前主要用于结构的地震响应分析和磁流变阻尼器建模中。Bouc-Wen 模型属于率不相关模型[73-74]，王赣城[75]在试验研究中发现，弹性胶泥阻尼器具有率相关特性，因此其在 Bouc-Wen 模型的基础上引入一项速度阻尼项。这种改进型 Bouc-Wen 模型对纯硅油阻尼器和含不同颗粒的胶泥阻尼器均具有较好的拟合能力。

双线性模型将迟滞回线分解为弹性部分和迟滞部分，能较好地描述系统出现干摩擦时的情形，但是它将系统处理为两个线性刚度系数，不能描述非线性高阶刚度系数的影响，也不能全面描述复杂阻尼的情况。Pekcan 等人[76]对所研究的胶泥缓冲器进行建模，将总阻尼力按照迹法模型分解为弹性力和黏性阻尼力，其中弹性力采用改进后的四参数双线性模型进行描述，阻尼力表达为与缓冲器位移和行程相关的非线性速度依赖性黏性阻尼力。

1.3.3 有限元建模方法

随着计算机技术的快速发展，有限元建模方法被越来越多地用于研究橡胶材料隔振器动态特性的研究中。例如，建立线性有限元[77]和边界元[78]模型，可以基于波动理论研究橡胶隔振器的波动效应。对于隔振器的非线性特性，Gil-

Negrete 等人[64]基于有限元方法，采用广义 Zener 模型对橡胶隔振器的频率依赖性进行建模，同时考虑在适当应变值下的频率相关特性，引入动态应变幅值的影响。该模型没有使用摩擦力模型或者塑性理论对振幅依赖性进行建模，而是需要预测一个等效应变值。Merideno 等人[79]建立了用于消除有轨电车尖叫噪声的约束层阻尼器的有限元模型，根据丁基橡胶定义了线性黏弹性材料，同时通过引入不同激励振幅下实验测得的存储模量和损耗模量，来考虑振幅依赖特性。Stenti 等人[80]通过有限元模型开发了一种不确定性数值计算方法，这种方法通过使用在区间意义上定义的线性黏弹性材料模型来建模非线性黏弹性行为，并从中预测整个系统的动态响应。该方法可以同时考虑材料和几何非线性，但是仅适用于橡胶隔振器内共振频率以下的频率范围（即不考虑隔振器质量）。

对于橡胶和液体耦联的复合型隔振器，建模时需要考虑液固耦合等问题。Shangguan 和 Lv[81-83]使用 ADINA 软件建立了包含惯性通道和间接解耦盘的发动机液阻悬置液固耦合非线性有限元模型，并分析其静动态特性，对比仿真值与实验值，结果表明利用该有限元模型能够较准确地预测静动态特性，从而有利于提高产品设计质量、缩短开发周期。Liao 等人[84]使用 ABAQUS 有限元软件对一种液阻型橡胶悬置建立液固耦合非线性有限元模型，橡胶材料基于超弹性材料 Mooney-Rivilin 模型进行描述，分析了低频大振幅工况下隔振器的动刚度特性。

1.3.4 分数阶微积分理论

分数阶微积分的理论最早于 17 世纪末期出现，到现在已经发展有 300 多年。分数阶导数的本质是 Abel 核函数的 Volterra 型积分，它不仅能反映当前时刻的值，而且还可以反映整个历史。因此，它能够较好地描述黏弹性材料的时间效应[85]。其分数阶的阶次可取任意实数，甚至是虚数。到现在为止，关于分数阶微积分的定义并没有一个统一的表达式[86]。目前，主要有三种比较经典的定义式，即 Riemann-Liouville、Caputo 和 Grünwald-Letnikov 定义。在实际应用时，经常使用分数阶导数 Riemann-Liouville 和 Caputo 定义式构造解析模型，使用 Grünwald-Letnikov 定义式进行数值模拟[87]。

1.3.4.1 分数阶微积分的定义

A Riemann-Liouville 定义

一般来说，算子 $I_t^{\alpha}(\cdot)$ 表示关于时间 t 的 $\alpha(0 < \alpha \leqslant 1)$ 阶 Riemann-Liouville 积分。设 f: $[a, b] \rightarrow R$ 是 (a, b) 上的绝对连续函数，并在 $[a, b]$ 上可积。Riemann-Liouville 积分的定义为[87]：

$$ {}^{R}I_t^{\alpha}f(t) = \frac{1}{\Gamma(\alpha)} \int_a^t (t-s)^{\alpha-1} f(s)\,\mathrm{d}s \tag{1-3} $$

式中，$\Gamma(\cdot)$ 是 Gamma 函数，$\Gamma(x) = \int_0^{+\infty} t^{x-1}\,\mathrm{e}^{-t}\mathrm{d}t$。

分数阶导数算子 $D_t^{\alpha}(\cdot)$ 定义为：

$$D_t^{\alpha}(\cdot) = \frac{\mathrm{d}^{\alpha}}{\mathrm{d}t^{\alpha}}(\cdot) \tag{1-4}$$

表示对时间 t 求导的分数阶阶次为 α（$0 < \alpha \leqslant 1$）的导数。

对于函数 $f(t)$，α（$0 < \alpha \leqslant 1$）阶 Riemann-Liouville 导数定义为：

$$^{R}D_t^{\alpha}f(t) = \frac{1}{\Gamma(1-\alpha)}\frac{\mathrm{d}}{\mathrm{d}t}\int_a^t (t-s)^{-\alpha} f(s)\,\mathrm{d}s \tag{1-5}$$

B　Caputo 定义

在模拟真实世界现象时，人们经常使用 Caputo 定义下的分数阶导数[35,88]。一般而言，分数阶导数的 Caputo 定义适用于弹性体的黏弹性行为建模。α 阶的 Caputo 分数阶导数定义为：

$$D_t^{\alpha}(f(t)) = \begin{cases} \dfrac{1}{\Gamma(1-\alpha)}\displaystyle\int_0^t \frac{1}{(t-\tau)^{\alpha}}\frac{\mathrm{d}}{\mathrm{d}\tau}f(\tau)\,\mathrm{d}\tau & 0 < \alpha < 1 \\ \dfrac{\mathrm{d}}{\mathrm{d}t}f(t) & \alpha = 1 \end{cases} \tag{1-6}$$

C　Grünwald-Letnikov 定义

Grünwald-Letnikov 定义为[35,87]：

$$D_t^{\alpha}(f(t)) = \lim_{\Delta t \to 0}(\Delta t)^{-\alpha}\sum_{j=0}^{\infty}(-1)^j\binom{\alpha}{j}f(t-j\Delta t) \tag{1-7}$$

式中，Δt 是一个时间步长。

当 $0<\alpha<1$ 时，通过运用 Grünwald-Letnikov 定义从数值上对时域内的分数阶导数进行求解。式（1-7）采用时间离散方程可以表示为：

$$D_t^{\alpha}(f(t_n)) \approx (\Delta t)^{-\alpha}\sum_{j=0}^{n}(-1)^j\binom{\alpha}{j}f(t_n - j\Delta t) \tag{1-8}$$

式中，$t_n = n\Delta t$。

引入 $g_j^{(\alpha)} = (-1)^j\binom{\alpha}{j}$，有 $g_0^{(\alpha)} = 1, g_j^{(\alpha)} = \left(1 - \frac{\alpha+1}{j}\right)g_{j-1}^{(\alpha)}$，$j=1, 2, \cdots$。

1.3.4.2　分数阶微积分的性质和特点[87]

（1）分数阶积分算子 I^{α} 的运算法则：

$$I^{\alpha}I^{\kappa}f(t) = I^{\kappa}I^{\alpha}f(t) = I^{\alpha+\kappa}f(t) \tag{1-9}$$

（2）分数阶导数算子 D^{α} 的运算法则：

$$D^{\alpha}D^{\kappa}f(t) = D^{\kappa}D^{\alpha}f(t) = D^{\alpha+\kappa}f(t) \tag{1-10}$$

$$D^{\alpha}(af(t) + bg(t)) = aD^{\alpha}f(t) + bD^{\alpha}g(t) \tag{1-11}$$

（3）分数阶积分算子 I^{α} 和分数阶导数算子 D^{α} 的复合运算法则：

$$D^{\alpha}I^{\alpha}f(t) = f(t) \tag{1-12}$$

$$D^{\alpha}D^{-\alpha}f(t)=f(t) \tag{1-13}$$

（4）整数阶导数 $\frac{\mathrm{d}^n}{\mathrm{d}t^n}$ 与分数阶导数 $D^{\alpha}f(t)$ 的复合运算法则：

$$\frac{\mathrm{d}^n}{\mathrm{d}t^n}(D^{\alpha}f(t))=D^{n+\alpha}f(t) \tag{1-14}$$

（5）Riemann-Liouville 定义下的分数阶积分算子的傅里叶变换：

$$F(I^{\alpha}f(t))=(j\omega)^{-\alpha}\hat{f}(\omega) \tag{1-15}$$

（6）Riemann-Liouville 定义下的分数阶导数算子的傅里叶变换：

$$F(D^{\alpha}f(t))=(j\omega)^{\alpha}\hat{f}(\omega) \tag{1-16}$$

（7）Riemann-Liouville 定义下的分数阶积分算子的拉普拉斯变换：

$$L(I^{\alpha}f(t))=t^{-\alpha}\hat{f}(s) \tag{1-17}$$

（8）Riemann-Liouville 定义下的分数阶导数算子的拉普拉斯变换：

$$L(D^{\alpha}f(t))=s^{\alpha}\hat{f}(s)-\sum_{k=0}^{n-1}s^{k}D^{\alpha-k-1}f(s)\big|_{s=0} \tag{1-18}$$

分数阶微积分定义虽然尚不统一，但具有下列相同的特点：

（1）历史依赖性。从分数阶微分的定义式可以看出，在计算分数阶式子时，需要不断进行迭代，每一次迭代都需要加上前面的项。这也就决定了分数阶微分的全局相关性，可以反映历史依赖过程，而整数阶的微分不具备全局相关性，也不能反映历史加载过程。

（2）许多学者通过试验已经证明，含分数阶微分的模型可以更准确地描述物理模型的动态特性，而整数阶动力学模型在描述行为时具有一定的限制性。此外，分数阶微分的模型参数较少，且不需要复杂庞统的计算过程。

1.3.5 基于流体力学理论的液阻型隔振器建模研究

一般情况下，根据流体力学建模的流动流体被认为是不可压缩的，因此，建模过程中不需要考虑流体的体积模量。这种基于流体力学建模的方法已有许多的研究，并认为在低频时建模更准确。液阻型的隔振器主要是通过液体往复流经环形孔口、阀或间隙等结构产生阻尼力。在使用流体建模时，首先给出环形孔口、阀或间隙间的 Navier-Stokes 动量方程，然后给出孔口、阀或间隙之间的流量，再给出上下两个腔室的压强差。其中，压强差中包含一些比较重要的参数，比如环形孔口的直径、高度以及液体黏度等。由此，可以建立包含隔振器的关键尺寸参数的方程。

1.4　黏弹性隔振器动态特性实验方法[5]

1.4.1　标准实验方法

1.4.1.1　标准实验方法的类型

黏弹性隔振器振动-声传递动态特性的测试已经标准化，ISO 10846 系列标准[89-92]（对应我国 GB/T 22159 系列标准[93]）规定了三种动刚度测量方法，即直接法、间接法和原点驱动法。这些方法可以被归类为非共振方法，这是因为它们的测量频率范围不局限在共振频率范围；但是由于在指定的测量范围内可能存在系统共振，具有实际实验上的困难或复杂性[94]，因此很多时候需要对标准测试方法进行改进。

A　直接法

直接法由 ISO 10846-2（GB/T 22159. 2）给出，是一种广泛使用的单轴交叉点法。该方法在隔振器一端施加动态位移，另一端固定，并使用力传感器测量产生的力。这种方法通常用于低频测量，有效频率范围从 1 Hz 到 300 Hz 或者 500 Hz。许多传统的商用动刚度测试设备都是基于该原理，如常用的 MTS 动态疲劳实验机，这些设备常被用于传统发动机车辆上的橡胶套筒、隔振器等动刚度的研究中[39,95-98]。

图 1-9 所示为动刚度直接测试法的原理，测试样件的输入端与一个质量为 m_1 的均质质量块相连接，质量块上端施加一个静态预载，输出端固定在刚性基础上。在输入端施加简谐激励 F_e，测量输入端的位移 u_1 和输出端的受力 F_2，由于

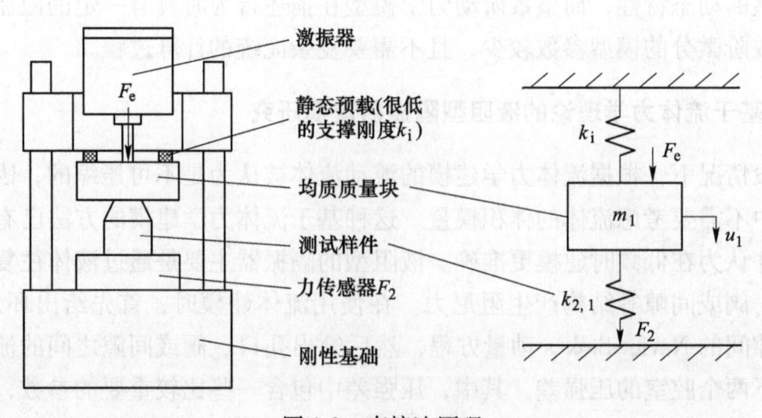

图 1-9　直接法原理

基础认为是刚性的，因此假定位移 u_2 为零。传递动刚度由以下公式直接计算出：

$$\tilde{k}_{2,1}(\omega) = -\left.\frac{\tilde{F}_2}{\tilde{u}_1}\right|_{u_2=0} \tag{1-19}$$

式中，符号上方~表示变量属于复数域。

B　间接法

间接法由 ISO 10846-3（GB/T 22159.3）给出，用于较高频率的测量，是三种标准方法中唯一可以测量平动和转动多个自由度动刚度的方法。如图 1-10 所示，测量样件被安装在两个质量块之间，下质量块下方和上质量块上方分别安装有非常软的辅助橡胶弹簧，即整个实验装置由非常软的橡胶弹簧支撑。传递力 F_2 不是直接测量获得，而是通过测量被测件下方输出端的加速度并将其与下方质量块质量 m_2 相乘来间接获得。也就是说，间接法只测量输入和输出端加速度即可，垂直方向传递动刚度可以计算为：

$$\tilde{k}_{2,1}(\omega) \approx \frac{\tilde{F}_2}{\tilde{u}_1} = -m_2\,\omega^2\,\frac{\tilde{u}_2}{\tilde{u}_1},\omega > 3\omega_2' \tag{1-20}$$

式中，ω_2' 表示当下方质量块和上方质量块刚性连接时的共振频率[99-100]。

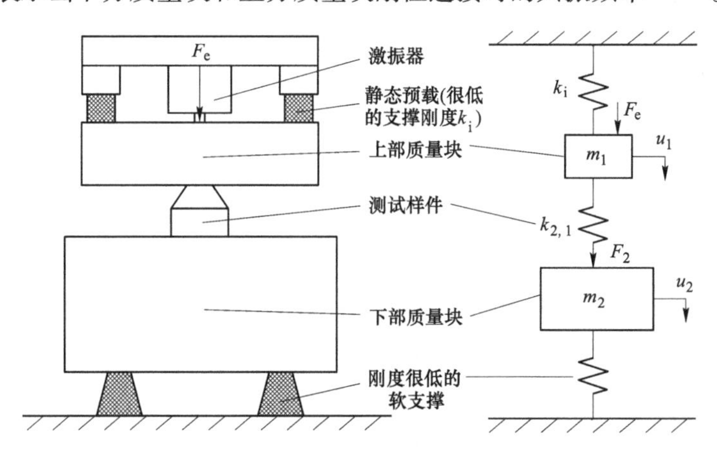

图 1-10　间接法原理

间接法首次由 Verheij[99] 提出。其通过适当选择两个质量块的质量和辅助安装方式，可以在较宽的频率范围内进行测量，如 30~2000 Hz 的频率范围。为了实现这一点，至少需要两组质量块。近期，M+P 公司已经根据标准间接法开发了商用测试设备，Liu 等人[101] 采用这种测试设备对电动汽车上的橡胶隔振器动刚度进行研究，频率范围为 50~1400 Hz。

Kari[102] 通过采用一系列技术来提高间接法测量精度，包括改进的激励和隔振器两端布置、激励源的相关性、阶跃正弦激励和有效质量校准。其对一个圆柱形橡胶隔振器，针对 150~1000 Hz 频率范围进行实验，通过应用不同的质量块、

在多个位置测量加速度并重复测量，获得了一个超定动刚度方程组。此外，Kari[50,103]的研究还表明，采用电动式振动台，间接法测试系统可以通过将实验样件安装在一个质量块和振动台支撑面之间来建立；轴向传递动刚度能够在$|u_b/u_{mt}| \ll 1$的条件下测量获得，其中u_b和u_{mt}分别是质量块和振动台面的位移。

C 原点驱动法

原点驱动法由 ISO 10846-5（GB/T 22159.5）给出，可以在与直接法相同的测试装置上实施，但是只需要测量输入端的力和位移。图 1-11 所示为原点驱动法的测试原理，传递动刚度的计算公式为：

$$\tilde{k}_{1,1}(\omega) = \left.\frac{\tilde{F}_1}{\tilde{u}_1}\right|_{u_2=0} \tag{1-21}$$

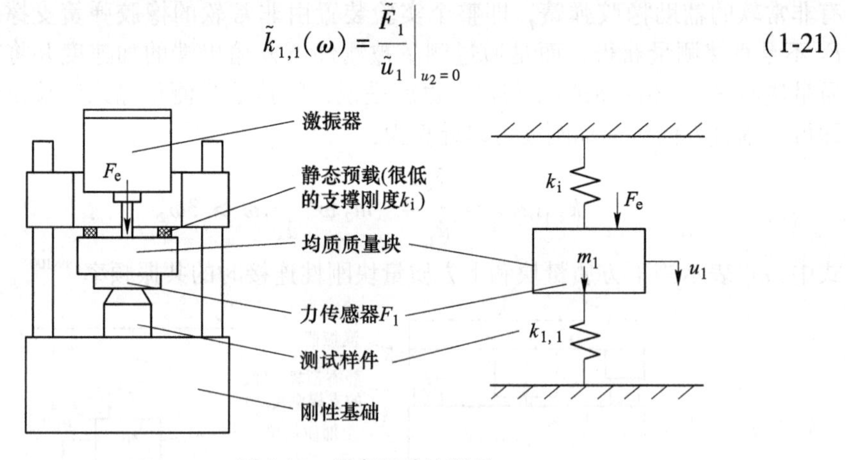

图 1-11 原点驱动法原理

Li 等人[104]对一个全长 750 mm 的嵌入式铁路轨道样件进行实验室测试，采用原点驱动法得到了 20 Hz 以内的垂向动刚度。在低频范围内（通常 $f<$ 200 Hz[92]），传递动刚度约等于驱动点动刚度：

$$\tilde{k}_{2,1}(\omega) \approx \tilde{k}_{1,1}(\omega) \tag{1-22}$$

这是因为与弹性力和阻尼力相比，惯性力可以忽略不计。然而，在接近和超过系统固有共振频率的频率范围时，惯性力的影响显著，不能被忽略。Morison 等人[94]提出了一种惯性力矫正方法，用于改进原点驱动法，以便更准确地估计更宽频率范围内的传递动刚度。

1.4.1.2 垂直布置与水平布置

常用的标准实验装置采用垂直布置，不过标准中同样对水平布置提出了建议，可以通过垂直布置或水平布置来模仿隔振元件实际使用的情况。一些研究中使用了水平布置，例如，Poojary 等人[105]采用水平布置的直接法测试平台获得一个磁流变阻尼器的传递动刚度和损耗因子，实验频率范围在 80 Hz 以内。Campolina 等人[106]采用直接法获得橡胶隔振器的轴向传递动刚度，比较了三种实验方式：使用振动台的垂直布置和水平布置，以及使用力锤的垂直布置。结果显示，垂直布置的测量结果更好一些，是因为系统共振的影响较小，而且样品之间的可重复性也更好一些。

1.4.1.3　激励

通常，实验中使用伺服液压激振器或电磁振动台来提供激励，预载也可由这些激励装置提供。所采用的激励信号包括谐波正弦/余弦信号[39,95-97]、正弦扫描[98-100,102-103]和伪随机信号[21,40]等。Reina 等人[107]在间接法中使用正弦扫频激励，提出一种控制频响函数估计误差的方法。

此外，通过锤击法提供脉冲激励也被经常使用。例如，Herron[108]通过锤击法激励对铁路轨道扣件的垂向传递动刚度和驱动点动刚度进行测量。Lin 等人[109]采用脉冲实验来获得橡胶隔振器的轴向动刚度，在 0~800 Hz 的频率范围内（涵盖了测试系统共振频率的较宽频率范围），得到了驱动点动刚度和损耗因子。Ooi 和 Ripin[110]在直接法和原点驱动法中采用锤击激励，对发动机橡胶悬置的传递动刚度与驱动点动刚度进行测量。此外，锤击激励更常用于测量横向和转动刚度与阻尼[40,111-112]。锤击脉冲测试技术可以提供一种快捷的方法，用于获得隔振元件的动态刚度和阻尼特性，而不需要将隔振元件连接到振动台等实验装置上，但是要特别注意隔振器非线性因素的影响。

1.4.2　标准实验方法的改进

第 1.4.1 节中介绍的实验方法虽然已经标准化，但在实际实施过程中仍存在一些不足之处，如在指定的测量范围内存在系统共振引起的实验困难或复杂情况[94,102]。为了获得更宽频率范围内的动刚度，研究人员主要对间接法进行改进，已经有很多相关报道。

1.4.2.1　高频测量

A　高频测量的必要性

在与振动隔离或声学舒适性相关的许多应用中，需要考虑的频率范围可能扩展到更高的频率。例如，铁路轨道扣件系统[111]和发动机橡胶悬置[113]可能需要应用在高达 5000 Hz 的工作环境中；电动汽车动力传动系统产生的激励频率可能超过 2000 Hz[101]，甚至可能高达 3000 Hz[114]。实际上，“高频”是一个相对的概念，取决于被测元件的大小、刚度和质量。对于许多橡胶隔振元件来说，在超过 100 Hz 的频率下，传递动刚度和点动刚度彼此之间已经有所差别，与低频时的结果不再相同[39]。

B　下部质量块动态特性设计

通过间接法在更宽的频率范围内进行测量，至少需要两组质量块。较大的质量块用于低频测量，但是它们在更高频率时不再表现为刚体。Li 等人[21]通过改进的间接法[100]，研究了铁路轨道扣件系统垂向动刚度的预载依赖性和频率依赖性。他们建立了测试装置有限元模型，从有限元模型中定义了两个传递率修正因子，以考虑高频范围内质量块的局部振动，从而测试的上限频率从 500 Hz 扩展到 1000 Hz。

Gejguš 等人[114]基于间接法设计了一个高频测试平台，用于在 50~3000 Hz 的频率范围内测量电动汽车上电机橡胶悬置的动刚度。他们使用了一个大型振动台，并通过空气弹簧将其连接到一个 500 kg 的石块台面上。上部质量块通过弹性绳索自由悬挂在振动台上方，以确保其刚体共振频率在测量频率范围之外。

C　底部增加调整结构

为了克服在 1000~5000 Hz 频率范围内实验测试装置的共振问题，Vahdati 和 Saunders[113]设计了一台单轴高频测试装置，它的原理是在一个间接法测试平台底部加一个具有垂直调节功能的测试框架，如图 1-12 所示。下部大质量块安装

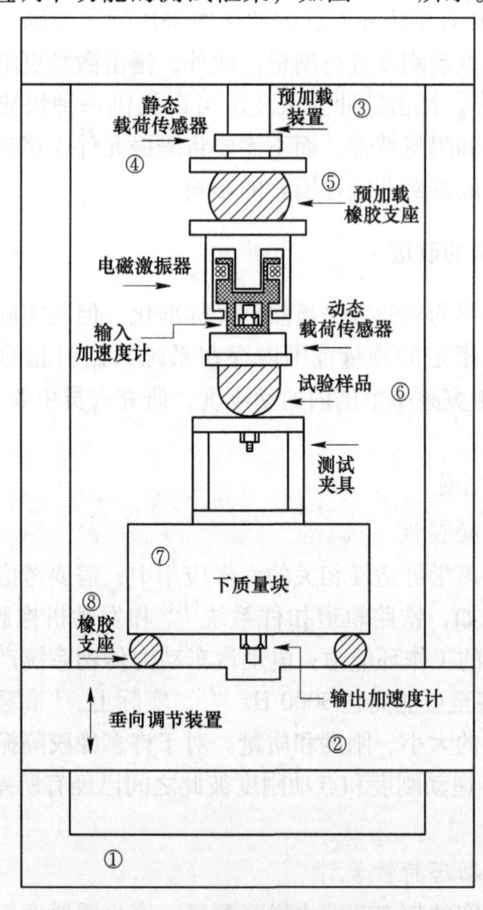

图 1-12　高频测试装置示意图[113]

在四个柔软的橡胶辅助支架上，被放置在测试元件和调整框架之间，于是，输出端的质量被隔离，不受调整框架的高频共振影响。通过适当设计输出端质量和测试夹具的共振频率，该装置可以测量黏弹性元件在高达 5000 Hz 频率下的动态参数。

1.4.2.2　低频动态特性的测量

A　使用标准测量方法

与直接法和驱动点法不同，间接法有一个频率下限值，参见式（1-20）。一些研究通过改善测量变量或测量装置对间接法低频测量进行改进，如 Thompson 等人[100]通过测量弹性元件的动态变形（$\tilde{u}_1-\tilde{u}_2$）和下质量块的响应 $\tilde{u}_2$，而不是两个块的绝对响应 $\tilde{u}_1$ 和 $\tilde{u}_2$，来改进间接法，使其能够用于较低频率范围的测量，频率下限从 100 Hz 降到 40～50 Hz。这种改进方法后来在文献［40］、［108］、［115］等的研究中使用。Li 等人[21]在 Thompson 方法[100]的基础上，通过引入一个频响函数，进一步改进了低频测量方法。Gao 等人[116]将直接法和间接法结合起来，对轨道扣件 5～1250 Hz 频率范围内的垂直和横向动态刚度和损耗因子进行测量。随后，他们使用该综合测量系统，在 10～1250 Hz 频率范围内，研究了轨道扣件垂直动刚度的温度和频率依赖特性[117]。

B　使用浮动质量

Dickens[41,118]和 Norwood[118]使用浮动质量来减小间接测量的低频限值，如图 1-13 所示，它能够测量 5～2000 Hz 范围内的隔振器特性，静载荷范围为 1～30 kN。

1.4.3　基于动态子结构法的实验方法

完整描述一个黏弹性隔振器的动态特性需要 12 自由度的动刚度，随着频率的增加，旋转刚度在某些实际结构中将变得越来越重要[119-120]。然而，标准实验法中，只有间接方法可以用于多维动态测量，由于弯曲运动总是和横向运动同时发生，因此需要一种可靠的分离横向和弯曲刚度的方法。通常，可以将几个平动加速度计彼此靠近放置以近似测量旋转运动。此外，近期的研究中，直接测量旋转的旋转加速度计在结构动力学中引起了关注[121-123]，但是，这些传感器通常较重，一般只适用于庞大的结构测量。

关于弹性元件多维动刚度的测量问题，现有的研究中已经报道了导纳法、模态法，以及近期的频响函数子结构法（FBS）及其逆向子结构法（IS）等方法。动态测试模型的建立可以基于实验测得的数据，如文献［124］，也可以基于实验数据和仿真数据的组合，如文献［125］。根据文献［126］，这些方法都属于动态子结构法范畴，弹性元件被视为连接动态系统子结构的弹性连接，动刚度测量问题变成了机械系统动态参数辨识问题。

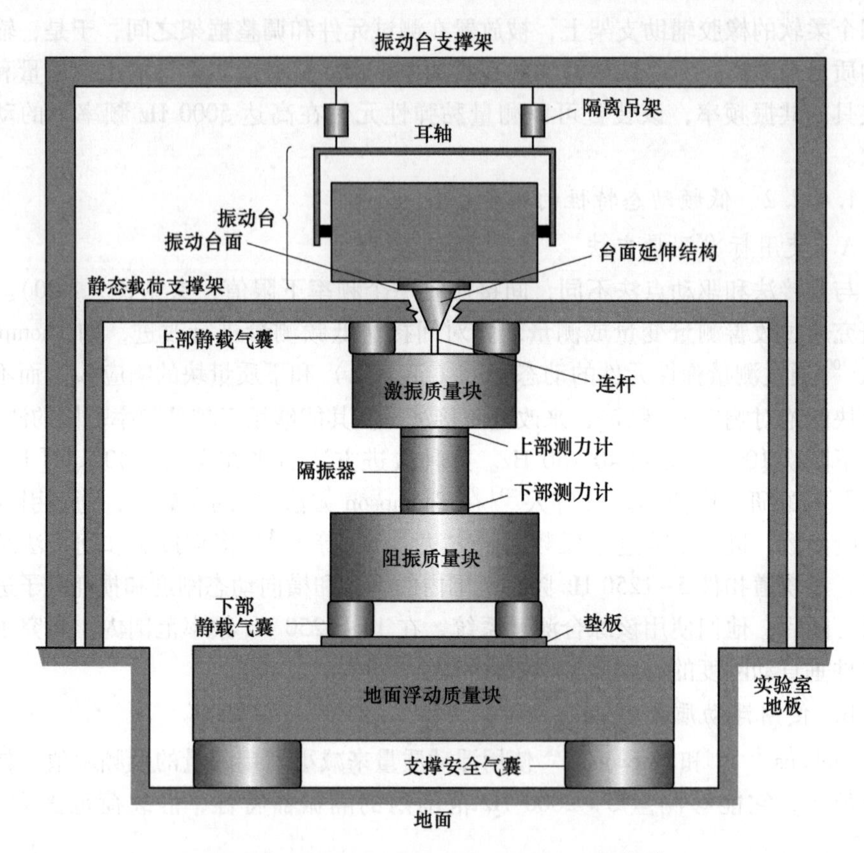

图 1-13 隔振器动态特性测试装置示意图[118]

1.4.3.1 导纳法

导纳法和阻抗法[127]，通常用于研究弹性元件的动态特性，尤其是多维传递特性，这些方法有时被称为线性多端网络方法。搭建实验测试系统时，通常将包含隔振器的结构系统悬挂起来，隔振器两端都处于近似自由状态，通过锤击法激发出隔振器的所有方向的运动，响应通常使用加速度计来测量。隔振器在自由-自由的状态下不允许施加任何预载，但确实可以方便地测量所有方向的动态特性以及耦合特性[128]。

如图 1-14 所示，Kim 和 Singh[44,129]使用一个类似于间接法的装置，被测隔振器安装在两个已知的质量块之间，将此装置悬挂起来，测量实验系统的整体导纳和子结构导纳，使用导纳综合法[130]获得隔振器的多维传递动刚度。

为了考虑预载的影响，Huang 等人[131]改进了 Kim 和 Singh 的实验装置，以获得施加预载后橡胶隔振器的轴向、横向和弯曲导纳。预载由几个空气弹簧布置在隔振器一端，通过改变气囊内的压力来提供。这些弹簧支撑系统的固有频率非

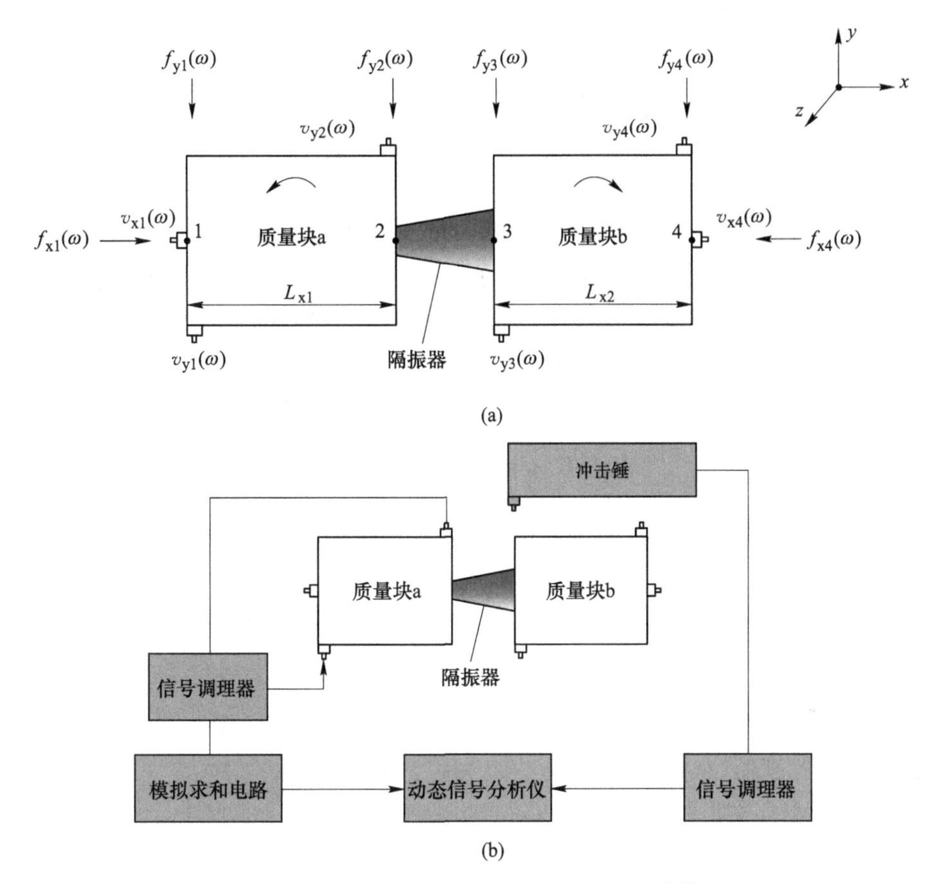

图 1-14 基于导纳法的隔振器实验原理图[44]
(a) 导纳模型简图；(b) 实验示意图

常低，能够保证隔振器两端在近似自由状态下，整个实验装置系统悬挂在弹性绳上。

1.4.3.2 模态法

Forrest[132]通过两端自由状态的测试方法研究了 3 种小型隔振器的动力学特性。通过测量 FRF 函数获得 3 个主平动方向的模态特性，并计算出频率范围在 250 Hz 以内的隔振器刚度和阻尼参数。但是该文献只研究了 3 个平动方向的隔振器动态特性，并假设它们之间的耦合是可以忽略的。

实际的隔振系统中通常使用多个弹性元件将振源和振动接收结构连接起来，而且这些元件可能以不同的角度倾斜安装。一些研究，如文献 [124]、[133]~[137]，通过搭建多隔振器实验系统，来测量隔振器的刚度和阻尼特性。他们采用的参数识别方法综合了计算和实验模态分析方法，包括直接模态法以及逆模态法。这些研究的一个共同特点是，弹性元件被视为简化到某一点（驱动点[133-137]

或弹性中心[124]）的连接件，刚度和阻尼特性通过这一点进行定义，因此这些方法只能获得点动刚度，应用于通过点动刚度矩阵来描述隔振器动态特性的情况。

1.4.3.3　频响函数子结构法

与模态法相比，频响函数子结构法（FBS）的优势之一是：它直接测量 FRF 数据，而不需要进行任何模态参数估计[138]。与此同时，FBS 方法中有时会采用虚拟点变换技术[139]，将实验中测量的 FRF 数据转换到与虚拟点相关的耦合模型中，从而可以通过 3 个平动和 3 个转动自由度来描述子结构的每个连接点。

Haeussler 等人[140]设计了两个十字形结构作为刚体质量块，建立了自由悬挂的质量-隔振器-质量实验装置系统，使用 FBS 方法研究了橡胶隔振器 12 个自由度动态参数的识别方法。一个自由状态的刚性十字质量块的动刚度矩阵可以表示为：

$$\boldsymbol{Z} = -\omega^2 \boldsymbol{M} \tag{1-23}$$

式中，$\boldsymbol{M}$ 是质量块和传感器质量之和的矩阵，用于描述关于虚拟点的 6 自由度刚体，该虚拟点不一定对应于质心。

FBS 方法在理论上等同于 Kim 和 Singh 的导纳法[44]。使用图 1-14 中的符号，隔振器的动态刚度矩阵通过计算为：

$$\begin{bmatrix} \tilde{\boldsymbol{Z}}_{22}^{\mathrm{I}} & \tilde{\boldsymbol{Z}}_{23}^{\mathrm{I}} \\ \tilde{\boldsymbol{Z}}_{32}^{\mathrm{I}} & \tilde{\boldsymbol{Z}}_{33}^{\mathrm{I}} \end{bmatrix} = \begin{bmatrix} \tilde{\boldsymbol{Z}}_{22}^{\mathrm{a}} + \tilde{\boldsymbol{Z}}_{22}^{\mathrm{I}} & \tilde{\boldsymbol{Z}}_{23}^{\mathrm{I}} \\ \tilde{\boldsymbol{Z}}_{32}^{\mathrm{I}} & \tilde{\boldsymbol{Z}}_{33}^{\mathrm{b}} + \tilde{\boldsymbol{Z}}_{33}^{\mathrm{I}} \end{bmatrix} - \begin{bmatrix} \tilde{\boldsymbol{Z}}_{22}^{\mathrm{a}} & 0 \\ 0 & \tilde{\boldsymbol{Z}}_{33}^{\mathrm{b}} \end{bmatrix} \tag{1-24}$$

式中，上标 I 表示关于隔振器的量，$\tilde{\boldsymbol{Z}}_{22}^{\mathrm{a}}$ 和 $\tilde{\boldsymbol{Z}}_{33}^{\mathrm{b}}$ 是质量块 a 和 b 的耦合界面阻抗矩阵。

在文献［140］中，$\tilde{\boldsymbol{Z}}_{22}^{\mathrm{a}}$ 和 $\tilde{\boldsymbol{Z}}_{33}^{\mathrm{b}}$ 是根据方程（1-23）确定的。研究结果表明，与下文中所述的 IS 方法相比，这两种方法都可以在 1000 Hz 频率范围内确定有效的动刚度大小。然而，研究发现，使用 FBS 方法解耦得到的橡胶隔振器多维动刚度结果更加精确。随后，他们使用 FBS 方法建立并求解了 12 个自由度的橡胶隔振器动刚度模型，而且结合 FBS 方法和 TPA 方法，对一个压缩机的橡胶隔振器进行参数化 NVH 优化设计[141]。此外，Oltmann 等人[142]对一个颗粒阻尼器的动刚度参数问题采用 FBS 方法进行了研究。

1.4.3.4　逆向频响函数子结构法

逆向频响函数子结构法（IS）又被称为原位测试法，其假设隔振器或连接点的质量可以忽略不计。这样一来，在不知道所连接子结构动力学特性的情况下，可以将连接点的动刚度与整个系统的动刚度解耦，也就是说，只需要知道子结构间的连接动力学特性[138]。与 FBS 方法相比，IS 方法假设橡胶隔振器具有特定刚度矩阵拓扑结构，即在方程（1-24）中，$\tilde{\boldsymbol{Z}}_{22}^{\mathrm{I}} \approx -\tilde{\boldsymbol{Z}}_{23}^{\mathrm{I}} = -\tilde{\boldsymbol{Z}}_{32}^{\mathrm{I}} \approx \tilde{\boldsymbol{Z}}_{33}^{\mathrm{I}}$，这与原位子结构解耦测试法中的做法相同[143-144]。

虽然已经有一些公开的文献中采用原位测试法研究机械系统弹性连接动态参数的辨识方法，但这些弹性连接建模通常只考虑平动振动[145-146]。目前，除了文献［140］，在文献［143］、［147］、［148］中，原位测试法也被用于辨识弹性元件的平动和转动传递动刚度矩阵，其测试频率范围达到 1000 Hz。弹性元件的轴向传递动刚度通过测量接触界面的导纳矩阵来获得，转动自由度动刚度分量的获得，则通过应用有限差分法来分离平动、旋转和耦合分量。当隔振器位于两个柔性子结构之间时，通过远场多点测量，构建超定导纳矩阵，获得一个具有最小误差的结合面导纳矩阵。这是因为不需要进行空间平均，所以减小了矩阵求逆运算的误差。

近期，Meggitt 和 Moorhouse[125]通过数值算例，考虑了存在任意或未知边界条件的有限元梁结构，提出了一种原位测试改进方法。以黏弹性隔振器为例，他们成功地借助通过测试数据改进的有限元模型将传递动刚度的测量频率范围扩展到 3 kHz。此外，所提出的原位测试法有潜力发展成为一种更为方便的方法，仅通过原位测量就能确定隔振器的点动刚度。文献［125］、［143］、［147］、［148］中提出的原位测试法采用的实验装置，可以成为悬挂子结构实验装置的一种替代方法，从而可以考虑预载的影响。类似于自由悬挂测量，隔振器实验系统也由冲击力锤激励，响应则由加速度计测量。这种方法同时可以适用于实际工程的现场或者实验室中进行测量。

IS 方法是目前最容易执行且最省时的 FBS 方法之一。它已被引入模块化车辆设计[149]，并且由 Haeussler 等人[140]提出的测量装置和黏弹性隔振器测试方法已经被成功用于电动汽车的 NVH 设计中[150-151]。

1.4.4　标准实验方法用于非线性特性的测量

黏弹性隔振器的非线性动态特性主要在低频、大振幅条件下显现。标准测试方法通常用于小振幅状态下确定频率依赖性，它们仅限于表征弹性元件的线性或线性化行为。这些测量可以在不同振幅和不同预载荷下进行，前提是弹性元件具有近似线性行为。就这方面而言，测试方法应能够复制弹性元件的预期工作条件。

静态预载荷引起的动刚度变化主要是由于隔振器几何形状的显著非线性变化引起的，例如，施加预载后橡胶隔振器的横截面积增加而导致刚度增加[140]。下面列举一些采用标准测试方法研究黏弹性隔振器静态预载依赖性的科研报道。假定振幅依赖性可以忽略不计，在不同的预载荷状态下，Lapčík 等人[152]使用直接法测量了频率范围为 10~100 Hz 的铁路轨道垫的动刚度，结果显示随着静态预载的增加，测得的动刚度也增加。Li 等人[104]使用原点驱动法研究了嵌入式轨道系统垂直动刚度在频率范围 1~20 Hz 内的预载和频率依赖性。Thompson 等人[100,111]和 Li 等人[21]使用间接法测试了不同预载下的轨道垫垂向传递动刚度。由于几何效应，随着预载的增加，静态和动态刚度均显著增加。对于圆柱形橡胶隔振器，Kari[102-103]的研究表明预载主要对轴向传递动刚度起重要影响，导致低频振幅增加以及在 500 Hz 以上的刚度幅值显著增加。而且，他还通过间接测试法，在 100~600 Hz 的频率范围内研究了高速摆式转向架主悬架隔振器的动刚度预载依赖特性[153]。结果显示，垂向传递动刚度显示出对预载的强烈依赖性，导致低频刚度急剧增加，而且反共振峰值移至更高的频率。

此外，汽车发动机液阻悬置[96-97]和液压衬套[154]等隔振器的动态特性具有显著的频率依赖性和振幅依赖性，使用直接测试方法，这些非线性特性可以通过在给定的激励频率和不同的激励振幅下进行研究。

1.4.5 隔振器动态特性测试的其他方法

1.4.5.1 力-位移迟滞回线

在线性条件下，可以根据实验测量的力-位移迟滞回线，运用几何图法计算得到黏弹性隔振器的动刚度，相关内容见第 2.3.2 节。然而，当隔振器呈现出非线性特性时，除了基于第 1.4.4 节的方法在小振幅频域内测量来研究非线性动态特性外，一般情况下不能假定非线性系统可以通过标准动刚度测试方法得到足够准确的动态特性。为了评估黏弹性隔振器自身固有的非线性动力学行为，可以研究力-位移迟滞回线以及谐波成分。

根据对正弦激励下的力-位移迟滞回线的形变程度，可以获得弹性元件中存在的非线性信息。例如，Harris 和 Stevenson[55]比较了一系列未填充橡胶的剪切应力-应变迟滞回线，这些环的形状不受应变幅值的影响，表明呈现线性行为。相比之下，填料硫化橡胶的迟滞回线从理想的椭圆形状发生了扭曲，并且其形状取决于剪切应变幅值。而且，对于正弦应变输入，结果显示激励频率的三次谐波是导致迟滞曲线形变的最显著成分。从计算而言，非线性动态系统对谐波激励的响应应包括基频和倍频成分。根据式（2-11）计算的动刚度幅值，只包含基频成分，对于具有非线性特性的隔振器，测量结果会不准确。

除了传统的正弦激励动态测试外，非正弦激励通常被用于捕捉弹性元件的非线性特性，因为这些激励特性可能更接近实际工况。Harris[155]在伺服液压动态试验机上研究了在不同类型激励下弹性体的响应情况，包括正弦波、三角波和方波激励。其通过测量力-位移迟滞回线，并使用傅里叶级数分析计算动刚度和相位角，以获得激励和响应的谐波组成。比较非正弦和正弦输入的测试结果，发现含碳填充橡胶元件具有明显的非线性特性。另外，Harris 引入了一种包含不同振幅和频率的双正弦激励，还使用了具有连续频谱的随机激励，以评估填充橡胶元件在更复杂激励下的动态特性。从后两个测试中发现，在更复杂的激励下，具有振幅依赖性的非线性橡胶的动力学行为更为线性化，并且表现出比在传统正弦测试中测得的动态性能更高的阻尼。因此，考虑在许多实际工作环境中，非线性橡胶的动态行为可能比从传统的正弦测试中期望的性能更好。

实际工况中，橡胶隔振器可能暴露于两种同时存在的激励中：高频小振幅激励和低频大振幅激励。例如，汽车发动机橡胶悬置需要能够同时减小从发动机传递到车架的高频小振幅激励以及车辆行驶中路面传来的低频大振幅激励；铁轨扣件需要能够同时隔离从轨道床到轨道的高频小振幅激励以及列车经过时的低频大振幅激励[156]。Sjöberg 和 Kari[157]对 Harris 的工作进行扩展，研究了在一个参考频率下，同时引入不同振幅和频率的低频噪声以及调谐特征激励信号，橡胶隔振器动刚度的变化规律。

1.4.5.2 隔振系统传递率

力或者位移传递率是评价隔振系统的重要指标之一[158]，而非隔振器本身，不过，很多时候人们通过研究隔振系统的传递率来获得弹性元件的刚度和阻尼参数，尤其是在弹性元件非线性动态特性研究中。通过传递率曲线（或 FRF 曲线）中发生的变形，可以考察弹性元件中存在的非线性特性，这些研究主要基于在振动台上搭建悬挂系统实验平台，本书第 3.3 节的实验平台便是基于此搭建，以下是一些例子。

Harris 和 Stevenson[55]采用液压伺服激振器搭建了一个单自由度悬挂系统，测量了系统传递率和应力-应变迟滞回线，研究了橡胶隔振器的预应变、振幅和温度依赖性等非线性特性，这些特性归因于橡胶材料本身以及隔振器结构设计。Shaska 等人[70]在振动台上设计了一个垂向悬挂系统，一个三角形质量块通过三个管状橡胶样件支撑，悬挂系统通过振动台激励以恒定的正弦加速度或位移进行垂向运动。他们进行了系统共振分析和阻抗测试，通过测量系统传递率，研究了橡胶隔振器的非线性动态特性，包括振幅、频率和温度依赖性。

Mallik 等人[159]在振动台上建立了一个单自由度悬挂系统，在不同振幅的简谐激励下，测量了力-位移迟滞回线以及系统位移传递率，研究了橡胶隔振器的低频非线性动态特性。Sun 等人[160]和 Yang 等人[161]使用了类似的实验平台和分析方法，研究了由橡胶元件和其他不同阻尼材料组成的复合型隔振器在低频下的非线性动态特性。他们除了采用在不同振幅下的简谐激励外，还使用了正向和反向扫频激励和冲击激励，并测量了相应的加速度或位移传递率。

Chen 等人[162]在振动台上设计了一个具有厚钢盘、一个质量块和四个橡胶隔振器的单自由度隔振系统。他们通过对 7 个样本进行正弦扫频振动实验，研究了不确定性因素和振幅对橡胶隔振器动态特性的影响。Roncen 等人[163]也在振动台上建立了一个单自由度隔振系统，以研究橡胶隔振器的非线性动态特性。他们在不同的激励振幅下，分别在扫频和随机激励下测量了传递函数，传递函数被定义为输出加速度与输入加速度的比值。通过激励振幅（见图1-15）和环境温度［见图1-16（a）］的变化，得到橡胶隔振器在振幅较大时的软化效应以及其动态特性的温度依赖性。另外，Roncen等人还考察了橡胶隔振器的温度随激励振幅的变化，图1-16（b）所示为交替在1 m/s^{2}和100 m/s^{2}振幅下进行的扫频实验结果。每个振幅下的共振峰汇聚到一个固定值，这归因于Mullins效应，即应力-应变曲线取决于前面振动的最大加载。Bian和Jing[164]建立了一个类似的隔振实验系统，在随机激励下，测量功率谱密度传递率，以验证准零刚度隔振器的理论结果。

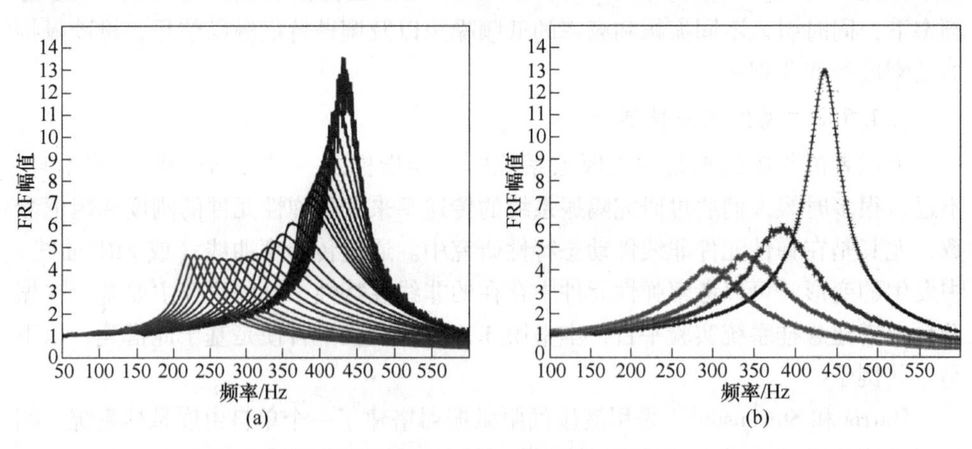

图1-15　实验传递函数FRFs[163]

（a）扫频实验，激励振幅从1 m/s^2（右）到200 m/s^2（左）；（b）随机激励实验，激励振幅保持RMS为1 m/s^2（右一）、20 m/s^2（右二）、40 m/s^2（右三）、80 m/s^2（右四）

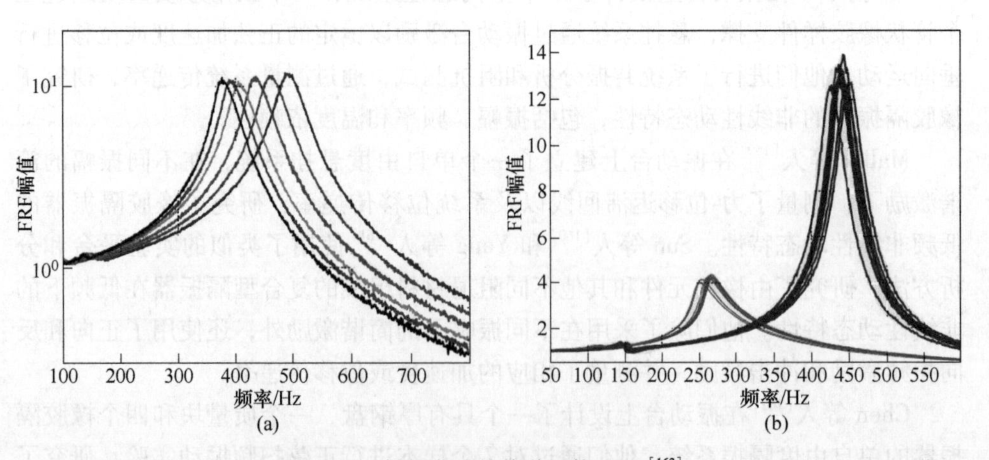

图1-16　扫频实验的传递函数FRFs[163]

（a）激励振幅1 m/s^2，在环境温度50 ℃（左一）、40 ℃（左二）、30 ℃（左三）、20 ℃（左四）、10 ℃（左五）和0 ℃（左六）下；（b）激励振幅分别为1 m/s^2（右）和100 m/s^2（左）

1.4.5.3 瞬态响应实验

很多实际工况中会带来瞬态激励，例如车辆在崎岖的道路上行驶、突然地加速或减速、制动和转弯等。黏弹性隔振器在瞬态激励下可能表现出与稳态激励下完全不同的行为[165]。Meram[166]进行了一系列低速下落试验，以研究橡胶缓冲器的动态行为。其在不同的初始冲击速度下，测量了实验样品瞬态力响应的时间历程，获得了响应力-挠度曲线，确定了橡胶缓冲器的应力-应变关系，以及恢复系数、损耗因子和耗散能量等参数。

结构形状不对称的黏弹性隔振器在瞬态激励下更容易出现不对称或不连续的非线性。Adiguna 等人[167]通过理论和实验研究了典型发动机液阻悬置的非线性瞬态响应特性，以对液阻悬置进行瞬态设计和诊断分析。他们使用商用弹性体动态试验机搭建测试平台，理论基础是标准直接法，对隔振系统施加阶跃信号和三角波激励，在 50 Hz 以下，使用隔振器动刚度参数估算，识别了非线性柔度和阻力参数。此外，He 和 Singh[168]通过瞬态响应实验，识别并量化了发动机液阻悬置的不连续柔度非线性。

1.5 小　结

黏弹性隔振器对振动隔离以及结构声抑制具有重要作用。长期以来，国内外学者在橡胶隔振器和硅油等流体介质黏滞阻尼器动力学特性的理论建模、实验方法等方面做了大量富有成效的工作。但是，随着社会的发展，现代重大装备对结构轻质、重载、高速等提出了越来越高要求，多介质、多材料、多结构的耦合隔振器不断出现，如硅油-橡胶耦联隔振器。这些隔振器的设计在遵循隔振理论基本原理的基础上，只有从结构形式、材料特性、使用工况等多方面进行综合设计，才能获得有益的隔振降噪效果。

本章首先介绍了硅油-橡胶耦联隔振器的结构和应用，接着对橡胶和硅油等常用的减振材料特性进行综述，对隔振器动态特性的建模方法进行归类总结，最后综述了黏弹性隔振器动态特性的实验方法。本章所总结的建模方法和实验方法，包括了黏弹性隔振器所使用的大部分线性建模和非线性建模方法，以及适用于低频、高频、线性和非线性特性的实验方法。线性建模方法包括常用的经典本构模型、分数阶导数本构模型，以及高频时基于波动理论的建模方法；非线性建模方法包括基于本构关系的建模方法、基于实验现象的建模方法和有限元建模方法。实验方法包括标准实验方法及其改进、目前的研究热点之一基于动态子结构法的实验方法，以及一些研究黏弹性隔振器非线性特性的实验方法。这些建模和实验方法可以用于任意形式的隔振器在不同频率、不同振幅多种工况的设计中。

2 隔振器动刚度理论

刚度和阻尼参数，是研究隔振器或者复杂系统动力学建模和特性时所需要的重要参数。四端参数是描述隔振器动态特性的一种常用方法，但是仅限于单个方向。本书中重点介绍和应用动刚度理论。动刚度是从频域中同时描述隔振元件动态刚度和阻尼的一个非常重要的概念。在建模和实验研究中，最终获得隔振器动刚度参数对研究振动和声学系统的动态特性至关重要。

2.1 动刚度矩阵[5]

隔振元件布置于两个结构之间以提供一种低阻抗连接，橡胶类黏弹性隔振器可以提供多自由度隔振。如图 2-1 所示，假设隔振器的两端连接均为刚性点连接，则每一端均具有 6 个自由度，隔振器的振动特性可以由此表示。在隔振器两端，位移向量（包括 3 个线性位移分量和 3 个角位移分量）被表示为 $\boldsymbol{u}_1 = [u_1\ v_1\ w_1\ \alpha_1\ \beta_1\ \gamma_1]^{\mathrm{T}}$ 和 $\boldsymbol{u}_2 = [u_2\ v_2\ w_2\ \alpha_2\ \beta_2\ \gamma_2]^{\mathrm{T}}$，式中，$w_i$ 的方向沿着隔振器轴线。在频域中，这些位移采用复振幅 $\tilde{\boldsymbol{u}}_1$ 和 $\tilde{\boldsymbol{u}}_2$ 来表示，它们是圆频率的函数，即假设振动依赖于 $\mathrm{e}^{\mathrm{j}\omega t}$ 的谐波形式。

作用在隔振元件两端的力和力矩分别由两个矢量 $\tilde{\boldsymbol{f}}_1$ 和 $\tilde{\boldsymbol{f}}_2$ 来表示，每个力矢量包含 3 个正交力和 3 个正交力矩，则力和位移之间的关系可以用矩阵来描述为：

$$\begin{Bmatrix} \tilde{\boldsymbol{f}}_1 \\ \tilde{\boldsymbol{f}}_2 \end{Bmatrix} = \underbrace{\begin{bmatrix} \tilde{\boldsymbol{K}}_{1,1} & -\tilde{\boldsymbol{K}}_{1,2} \\ -\tilde{\boldsymbol{K}}_{2,1} & \tilde{\boldsymbol{K}}_{2,2} \end{bmatrix}}_{\tilde{\boldsymbol{K}}} \begin{Bmatrix} \tilde{\boldsymbol{u}}_1 \\ \tilde{\boldsymbol{u}}_2 \end{Bmatrix} \tag{2-1}$$

式中，$\tilde{\boldsymbol{K}}$ 是一个 12×12 的动刚度矩阵，可以分解为 4 个 6×6 的矩阵，对于单个隔振元件，其动刚度由这一 12×12 的矩阵完全描述；$\tilde{\boldsymbol{K}}_{1,1}$ 和 $\tilde{\boldsymbol{K}}_{2,2}$ 是驱动点动刚度矩阵，$\tilde{\boldsymbol{K}}_{1,2}$ 和 $\tilde{\boldsymbol{K}}_{2,1}$ 是传递动刚度矩阵。根据互易性，$\tilde{\boldsymbol{K}}_{1,1}$ 和 $\tilde{\boldsymbol{K}}_{2,2}$ 是对称的，即 $\tilde{\boldsymbol{K}}_{1,1} = \tilde{\boldsymbol{K}}_{1,1}^{\mathrm{T}}$，$\tilde{\boldsymbol{K}}_{2,2} = \tilde{\boldsymbol{K}}_{2,2}^{\mathrm{T}}$， 同时，$\tilde{\boldsymbol{K}}_{1,2} = \tilde{\boldsymbol{K}}_{2,1}^{\mathrm{T}}$。

虽然完整表征通过隔振元件传递振动特性需要使用 12 个自由度的信息，然而，在许多实际情况下，例如隔振器形状对称，动刚度矩阵 $\tilde{\boldsymbol{K}}$ 可以被简化。此外，根据具体的研究目的，$\tilde{\boldsymbol{K}}$ 也可以被简化。例如，在低频分析中，隔振器的质

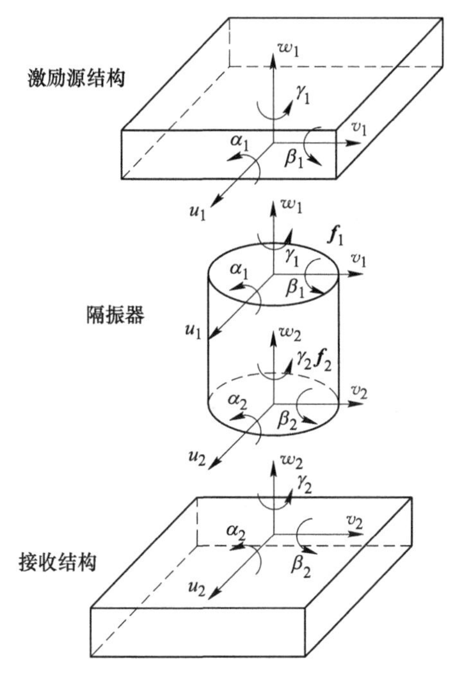

图 2-1 隔振系统坐标系及隔振元件位移分量

量可以忽略不计，作用在隔振器两端的力，大小相等、方向相反，$\boldsymbol{f}_1=-\boldsymbol{f}_2$，此时点动刚度和传递动刚度相等，动刚度矩阵 $\tilde{\boldsymbol{K}}$ 可以简化成一个 6×6 的矩阵；转动自由度动刚度的作用在低频时不明显，忽略后对系统传递功率的预测结果几乎没有影响[169]。

在工程实践中，传递动刚度比点动刚度使用更广。传递率是表征隔振系统性能的重要指标之一，在具有足够的阻抗失配假设下，传递率与传递动刚度相关。此外，传递动刚度是机械系统传递路径分析方法（TPA）中的重要组成部分，经典 TPA 技术的最早研究往往归因于 Verheij[99]对船舶机械上弹性支撑声传递特性的研究[170]。不过，在某些情况下，点动刚度更加需要，例如在计算铁路滚动噪声时，铁轨支撑的点动刚度是重要参数[171]。

2.2 动刚度参数

考虑单一方向的运动，传递动刚度写成复数形式为：

$$\tilde{k}_{2,1}(\omega)=\left.\frac{-\tilde{f}_2(\omega)}{\tilde{u}_1(\omega)}\right|_{\tilde{u}_2=0}=|\tilde{k}_{2,1}(\omega)|\exp(\mathrm{j}\delta)=k'(\omega)+\mathrm{j}k''(\omega) \tag{2-2}$$

式中，$k'(\omega)$ 是存储刚度；$k''(\omega)$ 是损耗刚度；δ 是滞后角。

式（2-2）还可以表述为：

$$\tilde{k}_{2,1}(\omega) = k'(\omega)(1 + \mathrm{j}\eta) \tag{2-3}$$

式中，η 是损耗因子，通常也是频率 ω 的函数，也被称为实体阻尼或结构阻尼。

$$\eta = \frac{k''(\omega)}{k'(\omega)} = \tan\delta \tag{2-4}$$

动刚度的幅值，即复数的模，反映了隔振元件抵抗变形的能力，计算公式为：

$$|\tilde{k}_{2,1}(\omega)| = \sqrt{(k'(\omega))^2 + (k''(\omega))^2} \tag{2-5}$$

通常隔振元件动态特性由动刚度幅值和损耗因子两个参数来表征。

对于常用的黏性阻尼模型，采用阻尼系数 c，动刚度的复数形式写为：

$$\tilde{k}_{2,1}(\omega) = k' + \mathrm{j}\omega c \tag{2-6}$$

式中，k' 和 c 都与频率无关。在这种情况下，损耗因子 $\eta = \omega c/k'$ 与频率成正比。

式（2-3）给出的迟滞阻尼模型，对建模低阻尼弹性体的隔振系统动态特性特别有用。对于这种情况，在相对宽频范围内，式（2-3）还可以近似为具有恒定存储刚度和恒定损耗因子的形式[172]，表示为：

$$\tilde{k}_{2,1} = k' + \mathrm{j}h \tag{2-7}$$

式中，h 是滞后阻尼常数。

然而，实际上 k' 随着频率增加而增加，而 η 也具有频率依赖特性，特别是对于高阻尼的橡胶以及类橡胶材料[55,173]。采用阻尼常数 c 或 h 的理想化模型，在使用范围上存在一定限制[55]。而且，滞后阻尼 h 不能用于时域分析[174]。

2.3 动刚度参数的确定方法

2.3.1 基于传递函数法[5]

动刚度参数的确定，常用方法是采用第 1.4.1 节中所述的标准实验方法或者其改进方法，可以根据式（2-1）施加特定边界条件来测得。对于单自由度系统，一个四参数的动刚度矩阵可以表示为：

$$\tilde{k}_{1,1}(\omega) = \left.\frac{\tilde{f}_1}{\tilde{u}_1}\right|_{u_2=0}$$

$$\tilde{k}_{1,2}(\omega) = \left.\frac{\tilde{f}_1}{\tilde{u}_2}\right|_{u_1=0}$$

$$\tilde{k}_{2,1}(\omega) = \left.\frac{-\tilde{f}_2}{\tilde{u}_1}\right|_{u_2=0}$$

$$\tilde{k}_{2,2}(\omega) = \left.\frac{\tilde{f}_2}{\tilde{u}_2}\right|_{u_1=0} \tag{2-8}$$

即通过依次约束每端的位移来获得动刚度。如果振动接收结构相较于隔振器而言动刚度较大，则接收结构上的力近似为：

$$\tilde{\boldsymbol{f}}_2 \approx -\tilde{\boldsymbol{K}}_{2,1}\tilde{\boldsymbol{u}}_1 \tag{2-9}$$

这也便于动刚度的测量。

对隔振器多方向动刚度的测量，传递动刚度分量可以由以下方式定义[99]：

$$\tilde{k}_{j,i}(\omega) = \left.\frac{\tilde{f}_{2,j}}{\tilde{u}_{1,i}}\right|_{\text{其他11个位移分量为0}} \tag{2-10}$$

$\tilde{k}_{j,i}$ 是矩阵 $\tilde{\boldsymbol{K}}_{2,1}$ 的一个分量，即在测量时保证其他 11 个位移分量为 0，如果 $|\tilde{k}_{j,i}\tilde{u}_{1,i}|$ 远大于所有其他项总和的模，这一要求便可以得到足够的满足。与此同时，Verheij[99]提出了一种改进方法，可以可靠地分离弯曲和横向平动分量，因为通常情况下转动刚度不能直接获得，转动运动总是与横向平动运动一起被测量[175]。

另外，第 1.4.2 节中所述的基于动态子结构法的实验方法，也有以上特点，但是推导算法更加复杂。

2.3.2 基于几何图法

根据黏弹性隔振器实验获得的力-位移迟滞回线，运用椭圆法[65,176]也可以获得动刚度参数。如图 2-2 所示，在线性范畴内，以横坐标为隔振器变形位移、纵坐标为传递的力，根据黏弹性材料的刚度和阻尼特性，可以绘制出椭圆形状的力-位移迟滞回线。于是，动刚度幅值可以由式（2-11）计算得到：

$$|\tilde{k}(\omega)| = \frac{F_a}{U_a} = \frac{BC}{AB} \tag{2-11}$$

式中，F_a 为力的峰值；U_a 为位移的峰值。

动刚度的滞后角可以由式（2-12）计算得到：

$$\sin\delta = \frac{2\Delta W}{\pi W} = \frac{|EE'|}{|AB|} = \frac{|DD'|}{|CB|} \tag{2-12}$$

式中，ΔW 表示迟滞回线的面积。

则存储刚度和损耗刚度为：

$$k'(\omega) = |\tilde{k}(\omega)|\cos\delta \tag{2-13}$$

$$k''(\omega) = |\tilde{k}(\omega)|\sin\delta \tag{2-14}$$

损耗因子 η 可以根据式（2-4）进行计算。

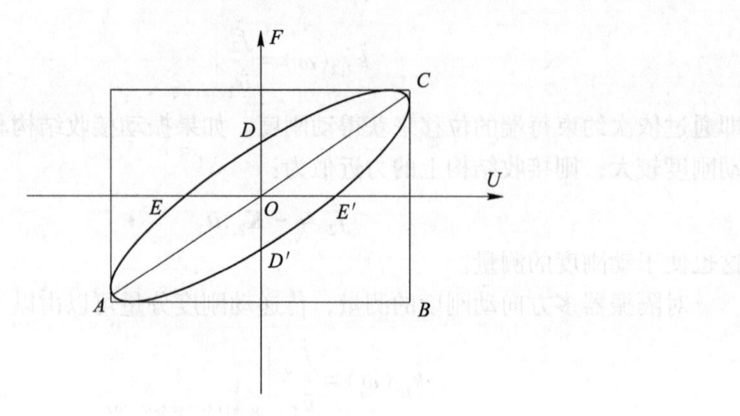

图 2-2　力-位移迟滞回线

2.4 小　　结

本章阐述了表征隔振器动态特性的动刚度理论，动刚度也称复刚度，是一个同时描述刚度和阻尼动态特性的概念，橡胶及类橡胶隔振器具有多自由度动刚度特性；介绍了动刚度矩阵，说明了点动刚度和传递动刚度的定义及二者之间的关系；介绍了动刚度的相关参数及它们的关系，包括存储刚度、损耗刚度、动刚度幅值和损耗因子；介绍了动刚度的损耗因子（结构阻尼）和常用的黏性阻尼、滞后阻尼之间的联系和区别；介绍了线性系统范畴内，动刚度参数通过实验测试的确定方法。本章内容为黏弹性隔振器动态测试和建模提供理论指导。

3 硅油-橡胶耦联隔振器低频动态特性实验研究

3.1 硅油-橡胶耦联隔振器的结构和工作原理[160,177]

一种硅油-橡胶耦联隔振器的实物图和结构简图如图 3-1 所示，主要用于挖掘机等工程机械驾驶室减振降噪，结构主要包括连接螺杆、橡胶主簧、阻尼盘、钢套、钢杯和硅油等部分，橡胶主簧压入钢杯与其过盈配合，连接螺杆和钢套分别与橡胶主簧硫化为一体。隔振器通过连接螺杆安装在驾驶室底板，通过钢套和钢杯与车架连接。当激励经车架传递到隔振器上时，振动通过橡胶主簧，由螺杆带动阻尼盘上下运动，阻尼盘在钢杯中扰动硅油，使硅油通过环形间隙在上腔室和下腔室中往复运动。该实验样件在不承重的自由状态下总高 116 mm，阻尼盘和橡胶主簧底部间隙的设计值为 2 mm，橡胶为硬度 60 的天然橡胶，油杯中充满二甲基硅油，运动黏度为 50000 mm^2/s。

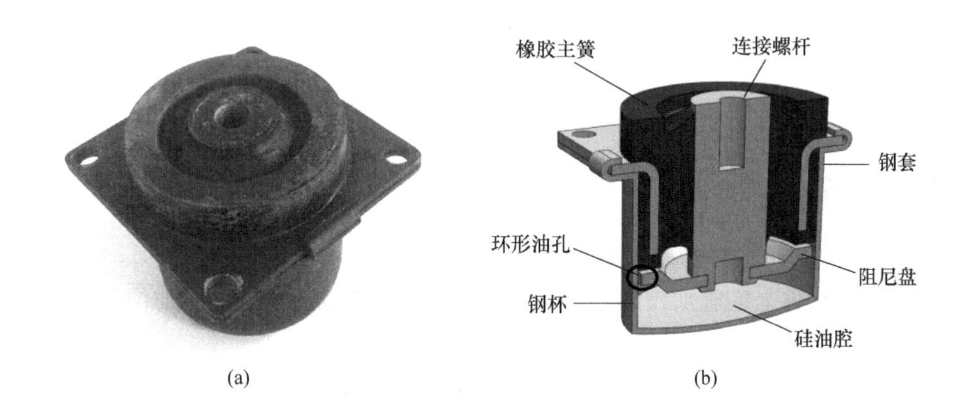

图 3-1 硅油-橡胶耦联隔振器
(a) 实物照片；(b) 结构简图

3.2　直接测试法与结果分析[177]

3.2.1　实验平台与原理

利用美国 MTS 公司制造的 MTS810 弹性体实验台，对隔振器进行动态实验，所搭建的实验测试平台如图 3-2 所示，实验原理为第 1.4.1.1 节中介绍的动刚度直接测试法。实验样件分别为橡胶主簧和硅油-橡胶耦联隔振器，如图 3-2 所示，实验样件的连接螺杆通过上夹具与实验台的作动头端相连，钢杯和钢套通过下夹具固定在实验台上，实验台下立柱与基座固结，基座上装有力传感器用于测量通过隔振器传到下立柱的力 F_T。实验时，采样频率设为 128 Hz，采样点数为 512，实验温度为 13 ℃。

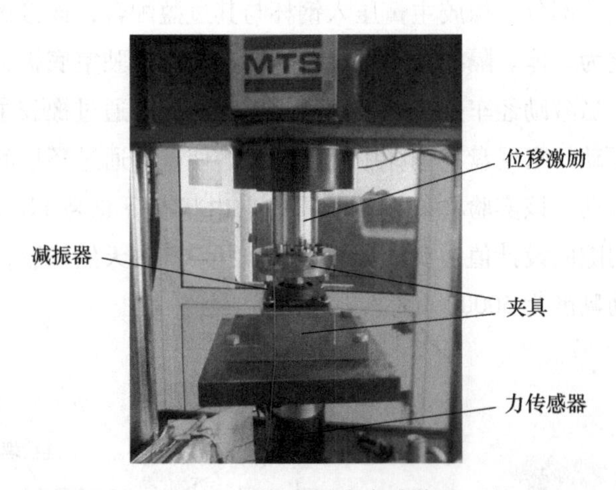

图 3-2　隔振器动态实验装置

3.2.2　实验结果与分析

3.2.2.1　频率对动态特性的影响

在实验样件上端施加预载 $F_0 = 1150$ N，然后在作动头的一端施加位移激励

$$x(t) = x_0 + x_1 \sin(2\pi f t)$$

式中，x_0 为所加预载产生的静位移；x_1 为所加简谐激励的振幅，设定为 0.5 mm；f 为激励频率，Hz，依次设为 1 Hz、2 Hz、4 Hz、5 Hz、6 Hz 和 8 Hz 进行实验。

从图 3-3 可以看到，硅油-橡胶耦联隔振器的刚度和阻尼特性均受频率影响较大，而且大致可以分为 5 Hz 以下（不包括 5 Hz）和 5 Hz 以上两个频率范围。结合图 3-4 给出的 1 Hz、2 Hz、4 Hz 和 5 Hz 正弦激励时传递到基座上力的稳态时间历程，可以得出结论：5 Hz 以下时通过硅油-橡胶耦联隔振器传递到基座的力具有明显的分段特性，而且这种特性不稳定，这主要与阻尼盘上下液室结构不对称有关；当激励频率增大到 5 Hz 以后，基座力不再有分段特性，其刚度明显变大，且频率在 5~8 Hz 时刚度和阻尼特性趋于稳定，随频率的变化很小。

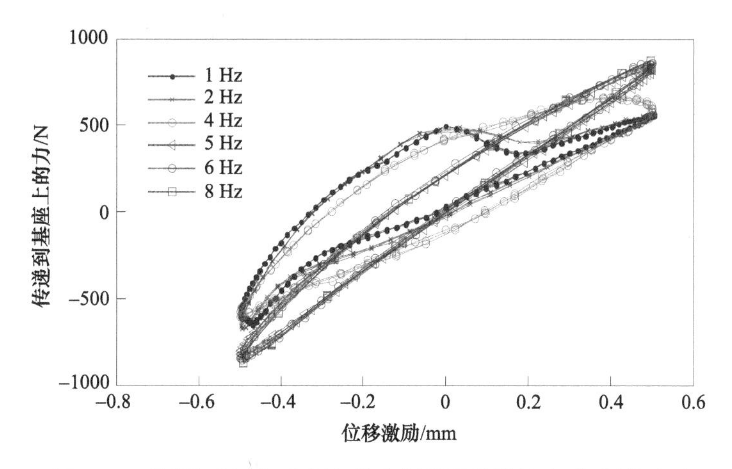

图 3-3 不同激励频率时硅油-橡胶耦联隔振器的力-位移滞后环

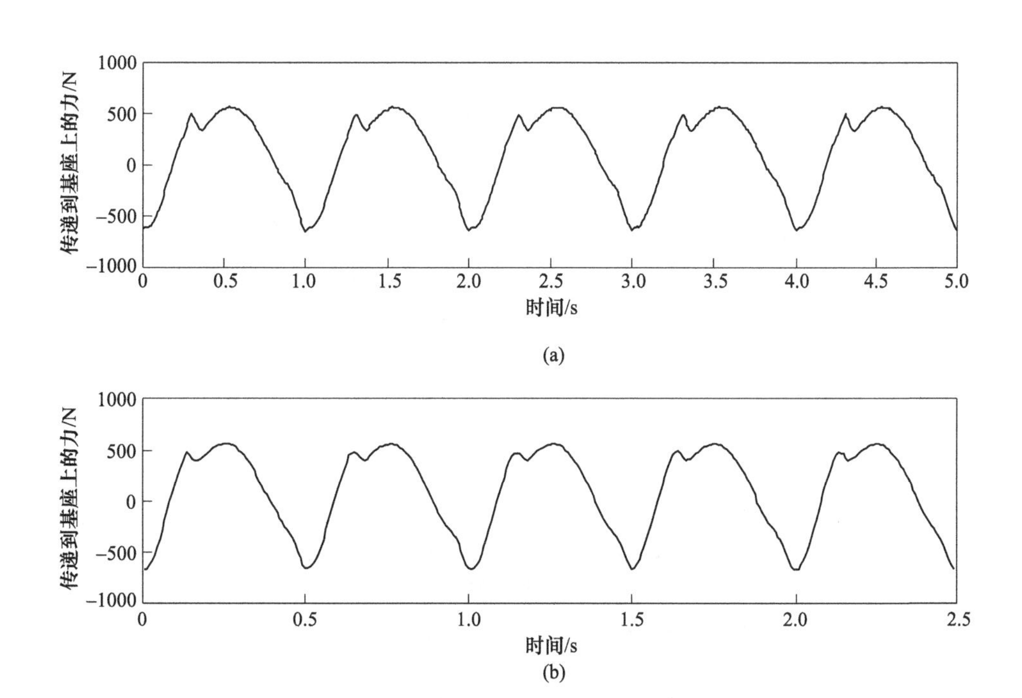

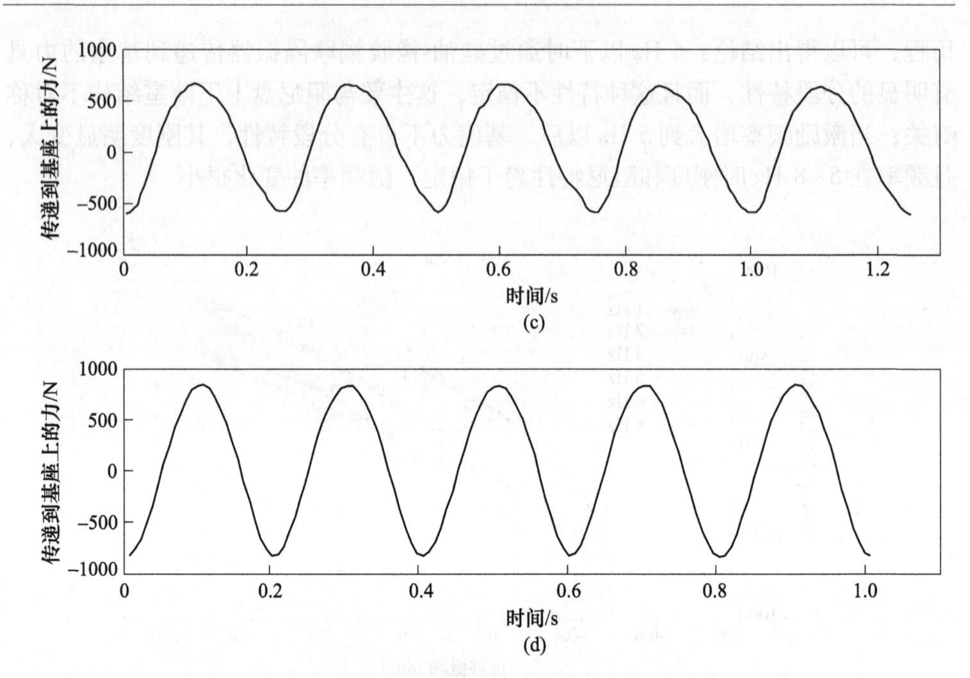

图 3-4　硅油-橡胶耦联隔振器传递到基座上力的稳态时间历程

（a）1 Hz；（b）2 Hz；（c）4 Hz；（d）5 Hz

图 3-5 所示为对橡胶主簧进行同样实验时得到的力-位移滞后环，可以看到其动态特性不随激励频率的变化而变化，且其刚度和阻尼都是线性的。这表明硅油-橡胶耦联隔振器所表现出的与频率相关的动态特性主要是液体作用的原因。

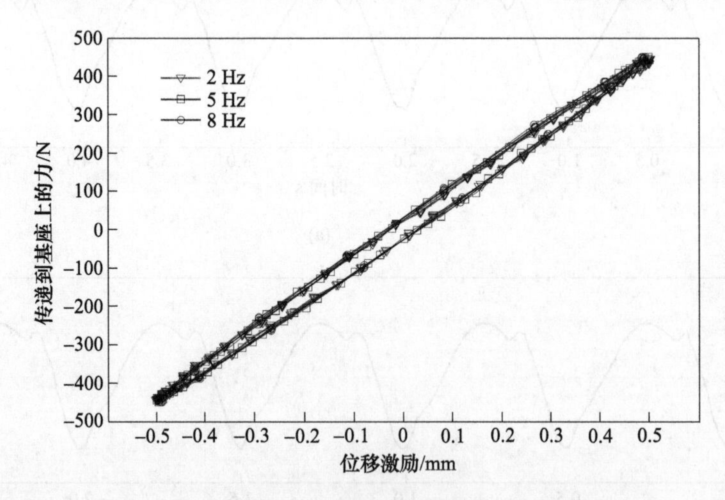

图 3-5　不同激励频率时橡胶主簧的力-位移滞后环

如图 3-6 所示，分别将激振频率为 1 Hz、2 Hz、4 Hz 时的硅油-橡胶耦联隔振

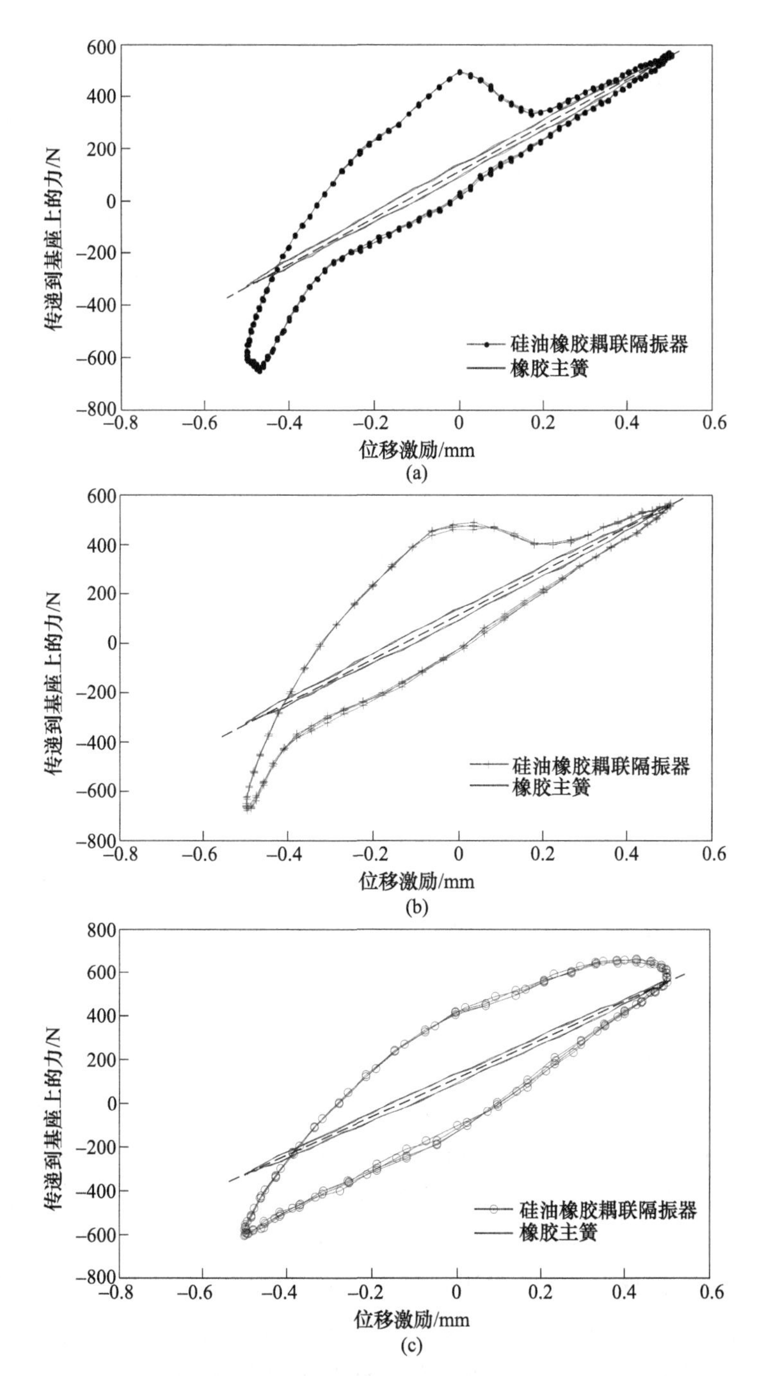

图 3-6 不同频率下硅油-橡胶耦联隔振器和橡胶主簧的力-位移滞后环比较

(a) 1 Hz; (b) 2 Hz; (c) 4 Hz

器和橡胶主簧力-位移滞后环放在一起进行比较，可以看到，与橡胶主簧比较，耦联隔振器的阻尼有大幅度增加，同时刚度也随着频率的增加有一定的增加。5 Hz 以后硅油的弹性特性变得更加明显，但是阻尼有所下降；取 5 个周期的平均值，计算实验样件在每个周期的阻尼能量损耗，如图 3-7 所示，与 1 Hz、2 Hz、4 Hz 比较，在 5 Hz 时能量损耗有所减小，为 175.5×10^{-3} J；而橡胶主簧的能量损耗大约为 39.14×10^{-3} J，阻尼远小于硅油-橡胶耦联隔振器的阻尼。

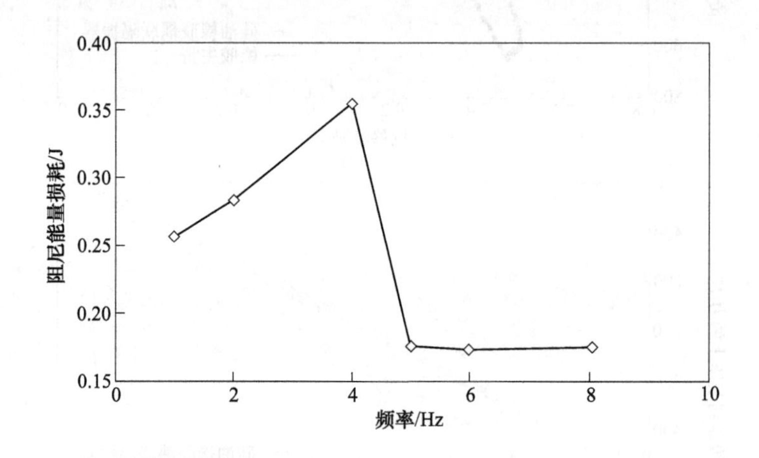

图 3-7　硅油-橡胶耦联隔振器每周期阻尼能量损耗随激励频率的变化

此外，从图 3-8 所示的基座力 FFT 频谱可以得到，硅油部分具有明显的非线性动态特性。力的频谱图中基频的 2 倍频和 3 倍频成分非常明显；而每个激励频率下的 50 Hz 成分都较大，主要是受电源信号干扰所致，与隔振器的特性无关。

3.2.2.2　预载对动态特性的影响

保持激励振幅为 0.5 mm 不变，分别施加预载 800 N、1150 N 和 1300 N，对实验样件进行简谐激励实验。图 3-9 所示为激励频率分别为 1 Hz、2 Hz 和 5 Hz 时施加不同预载的硅油-橡胶耦联隔振器力-位移滞后环，可以看到，频率在 1 Hz 和 2 Hz 时，预载对硅油-橡胶耦联隔振器的动态特性有明显的影响，预载越大，滞后环包围的面积越大，产生的阻尼越大，同时刚度也有所增大；而 5 Hz 时预载的影响很小。图 3-10 所示为 2 Hz 时不同预载下橡胶主簧的力-位移滞后环，可以看到，橡胶主簧的动态特性几乎不受预载变化的影响。由此可见，预载对隔振器的影响主要与硅油特性和液体腔室结构相关。

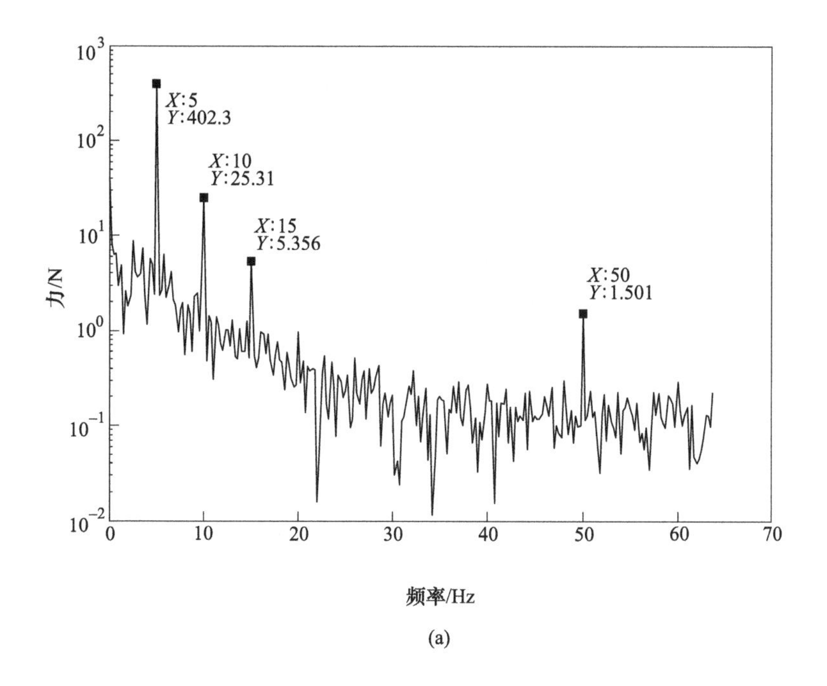

(a)

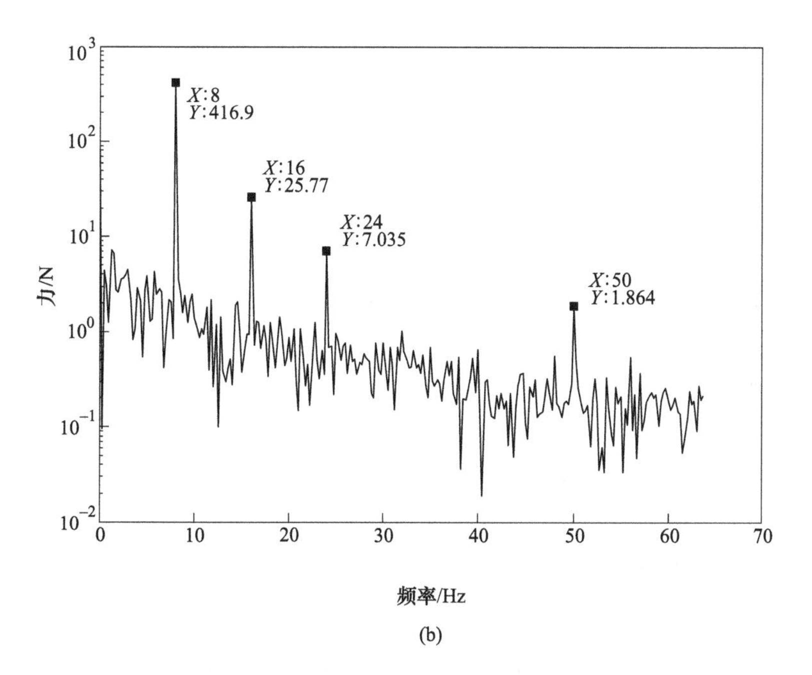

(b)

图 3-8 硅油-橡胶耦联隔振器传递到基座上力的 FFT 频谱分析
(a) 5 Hz；(b) 8 Hz

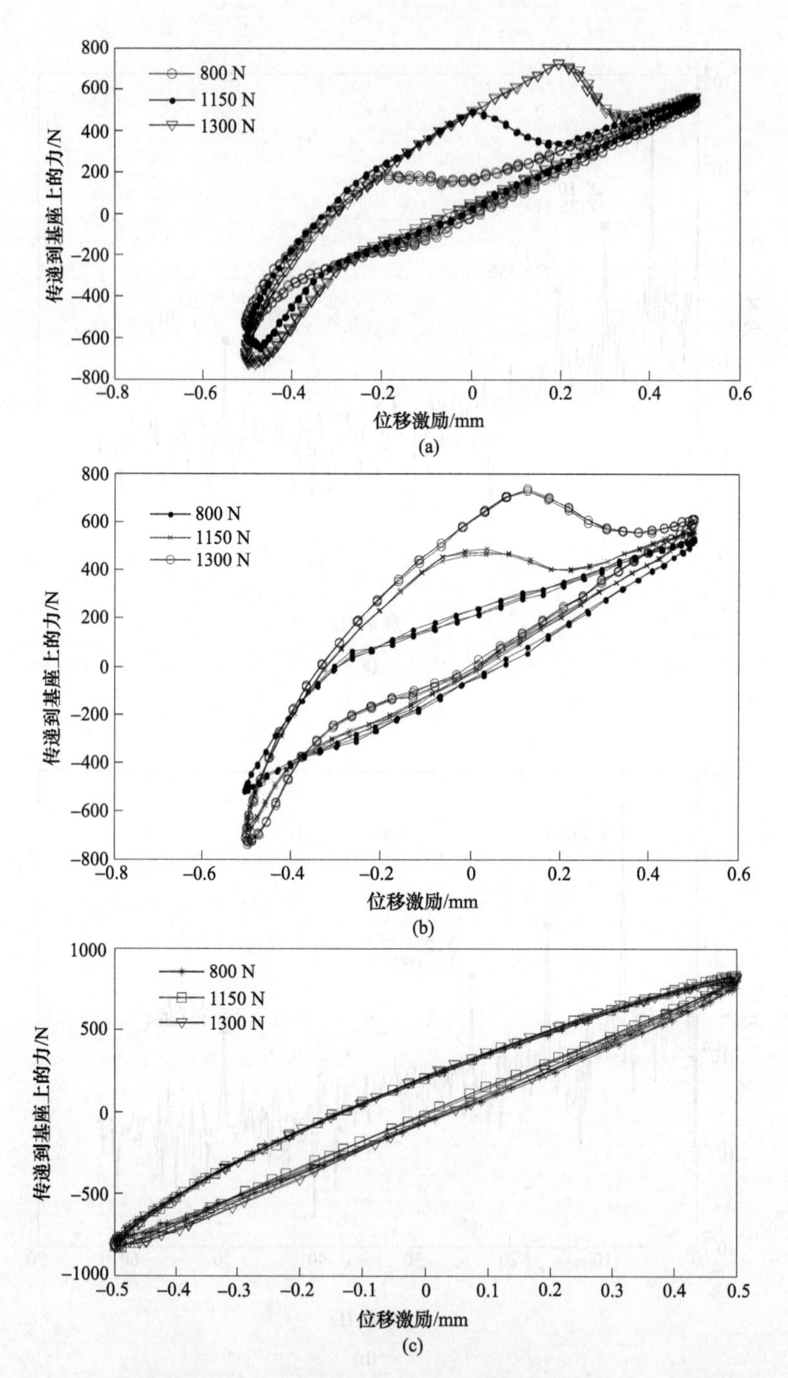

图 3-9　不同激励频率时不同预载下硅油-橡胶耦联隔振器的力-位移滞后环

(a) 1 Hz; (b) 2 Hz; (c) 5 Hz

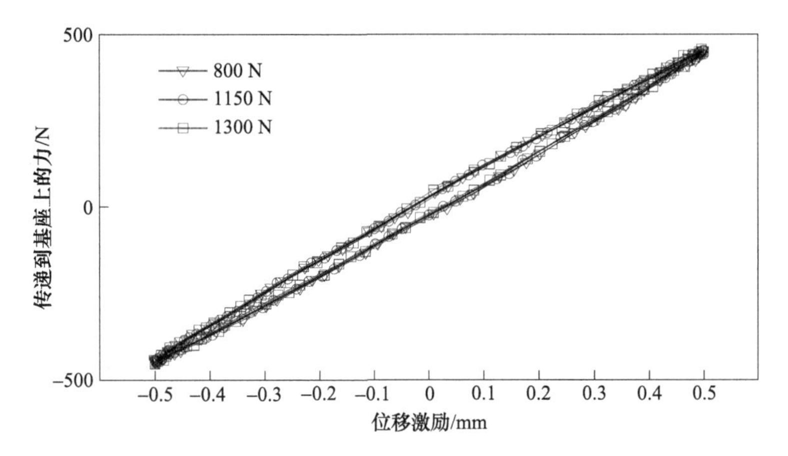

图 3-10 频率 2 Hz 时不同预载下橡胶主簧的力-位移滞后环

3.2.2.3 激励振幅对动态特性的影响

在预载 1150 N 时，分别考虑 0.2 mm、0.5 mm 和 0.8 mm 三个激励振幅进行动态实验。图 3-11 所示为激励频率分别为 2 Hz 和 5 Hz 时的力-位移滞后环，可以看到，激励振幅对硅油-橡胶耦联隔振器的动态特性有明显影响，同一激励频率下，随着振幅的增大，隔振器刚度减小，而每周期阻尼能量损耗增大。图 3-12 所示为橡胶主簧在 5 Hz 时的实验结果，可以看到，橡胶主簧的刚度基本不随振幅而变化，每周期阻尼损耗随振幅的增大而均匀增大，呈线性黏性阻尼特性。由此得到，激励振幅对耦联隔振器的影响主要与硅油部分相关。

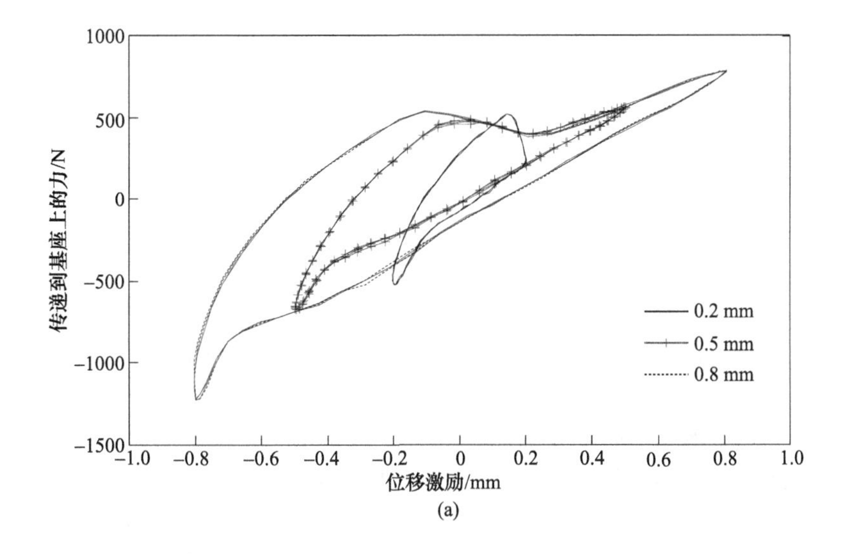

(a)

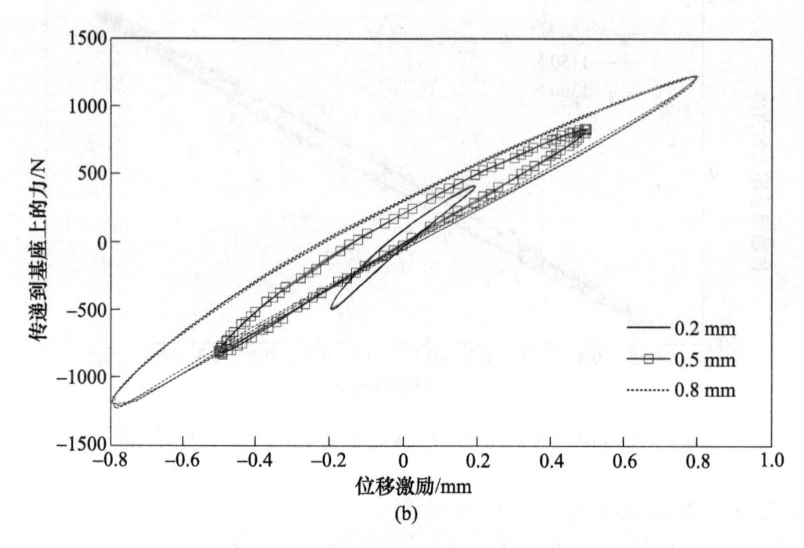

(b)

图 3-11　不同激励振幅下硅油-橡胶耦联隔振器的力-位移滞后环

(a) 2 Hz；(b) 5 Hz

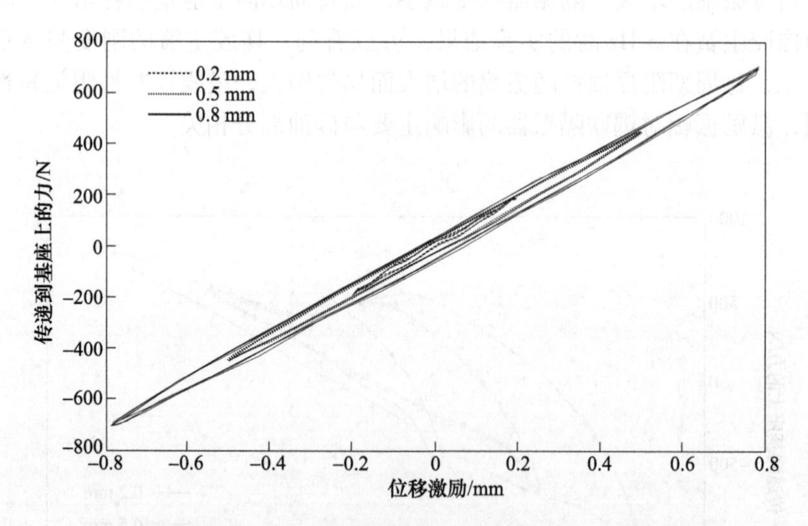

图 3-12　频率 5 Hz 时不同激励振幅下橡胶主簧的力-位移滞后环

此外，硅油-橡胶耦联隔振器阻尼盘上下液室结构不对称，是为了在承受冲击激励时能够产生足够的阻尼力。然而，从以上分析可知，5 Hz 以下的低频段，由于结构的不对称性，当阻尼盘向上运动时，传递到基座的力容易产生一个跳动，这对隔振是不利的。如图 3-13 所示，在激励频率为 2 Hz、振幅为 0.2 mm

时，当预载不小于1150 N，传递到基座上的力的跳动消失。因此，为了避免传递的力出现跳动，需要进行批量实验总结隔振器动态特性变化规律，根据预载和工作频率等因素合理设计硅油上液室的高度。

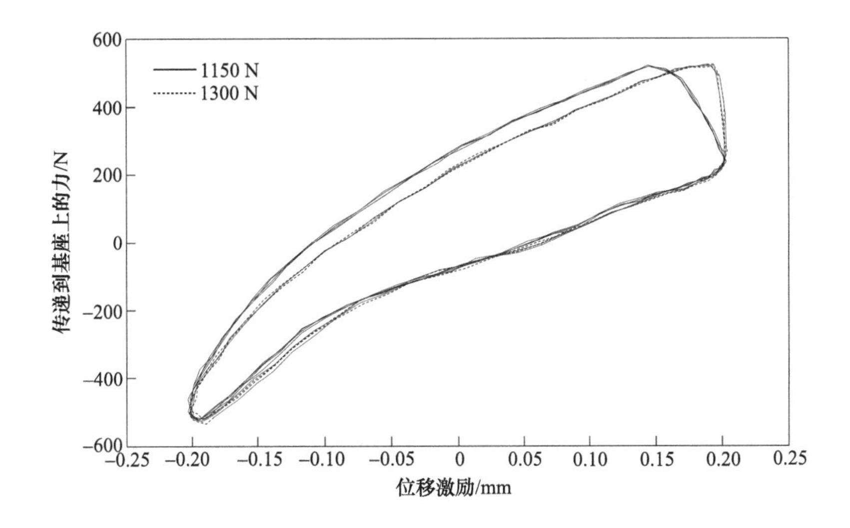

图 3-13 激励频率 2 Hz、振幅 0. 2 mm 时硅油-橡胶耦联隔振器的力-位移滞后环

3. 3 振动台单自由度隔振测试系统[160]

3. 3. 1 实验平台与原理

图 3-14 所示为所搭建的隔振器动态特性实验测试系统，该实验装置可以模拟隔振器作为驾驶室悬置的实际工作情况。隔振器通过下夹具固定在振动台面中心，这样可以减少隔振器的横向运动。下夹具由低碳钢加工而成，隔振器缸套和钢杯的法兰部分通过螺栓安装在下夹具上。隔振器的另一端连接螺杆上方与一个质量块连接，该质量块包括两个低碳钢块和所有连接螺栓，等效质量为 90 kg，模拟该隔振器实际预载质量。

实验进行时，谐波或冲击激励通过振动台施加，质量块的动态响应被记录，所有信号均由压电式 ICP 加速度计测量。为确保测量中只有垂直运动，在驾驶室质量块的上表面安装了两个相同的三方向加速度计，一个位于中心，另一个位于边缘。可以得到两个加速度计收集到的信号，具有良好的一致性，由此可以确保在实验中几乎没有引起任何横向运动。所有信号均由实时信号采集和分析系统采集并存储后，传输到个人电脑，并使用 MATLAB 软件进行处理。

(a)

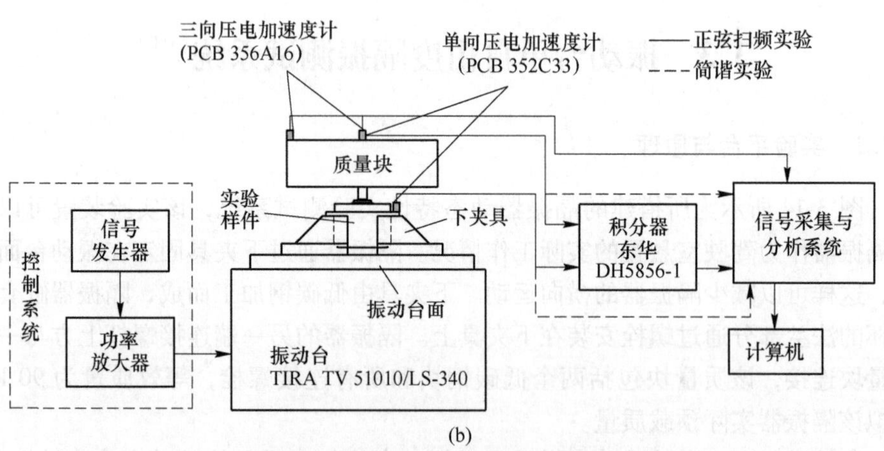

(b)

图 3-14　隔振器系统振动实验装置

（a）实验系统实物图；（b）实验系统示意图

图 3-15 所示的单自由度振动模型，可以描述实验系统的作用原理。隔振器的变形，即质量 m_e 和基础之间的相对位移，由 $y = x_1 - x_0$ 表示，其中 x_1 是位移响应，x_0 是激励位移。隔振器变形的测量，通过同时测量位移 x_1 和 x_0 来获得。实验

中使用两个相同的积分器对加速度信号 $\ddot{x}_1$ 和 $\ddot{x}_0$ 分别进行积分，$\ddot{x}_1$ 和 $\ddot{x}_0$ 通过两个相同的单向加速度计测量，一个位于顶部质量块上表面的中心，另一个位于固定在下夹具的缸套和钢杯法兰处。通过使用示波器的减法模块实时地获得 x_1 和 x_0 两个变量之间的差值，进而得到瞬时变形 y。等效质量的平衡位置由 $x_1 = 0$ 定义，进而相对于平衡位置来定义变形 y。一般来说，橡胶元件在平衡状态下的静态变形 d 可视为在线性范围内，因此在平衡状态下有 $m_e g = \kappa_{static}\delta$，其中，$\kappa_{static}\delta$ 是橡胶元件的静态刚度。由此，隔振器施加在质量块上的动态力 $F(y)$ 与质量块施加在隔振器上的惯性力相等且相反：

$$F(y) = -m_e \ddot{x}_1 \tag{3-1}$$

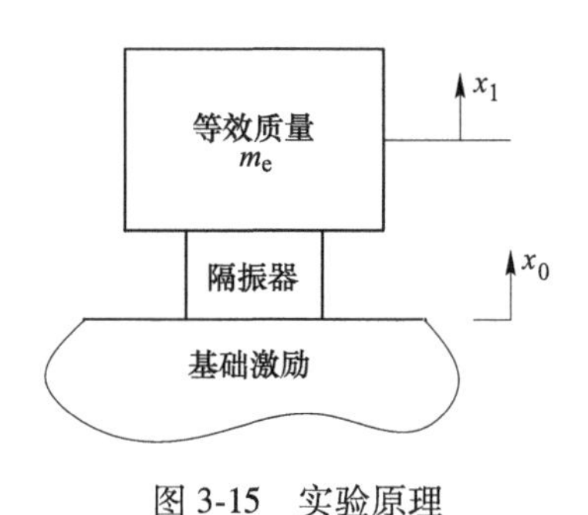

图 3-15 实验原理

3.3.2 实验结果与讨论

3.3.2.1 正弦扫频实验

首先进行正弦扫频实验，设置位移激励振幅为 0.1 mm，采样点数为 1024，扫频速度为 0.2 ct/min，在 5~50 Hz 频率范围内分别对硅油-橡胶耦联隔振器和橡胶主簧进行正向扫频和反向扫频。如图 3-14（b）中的虚线所示，扫频实验直接将两个单向加速度计连接到 m+p VibPilot 分析系统，这有两个功能：振动控制和动态信号采集，从而 m+p VibControl 频谱分析仪可直接获得激励加速度 $\ddot{x}_0(t)$ 和响应加速度 $\ddot{x}_1(t)$。图 3-16 所示为所得到的加速度传递率，定义为：

$$T_a(\omega) = \ddot{X}_1(\omega) / \ddot{X}_0(\omega)$$

式中，$\ddot{X}_0(\omega)$ 和 $\ddot{X}_1(\omega)$ 分别是加速度 $\ddot{x}_0(\omega)$ 和 $\ddot{x}_1(\omega)$ 的傅里叶变换。

正向和反向扫频产生的加速度传递率具有一定差别，表明实验样件动力学行为具有非线性特性。

对于橡胶主簧而言，反向扫频得到的传递率峰值频率为 15.65 Hz，正向扫频得到的峰值频率为 15.86 Hz，差别不是很明显，因此可以认为橡胶主簧具有线性

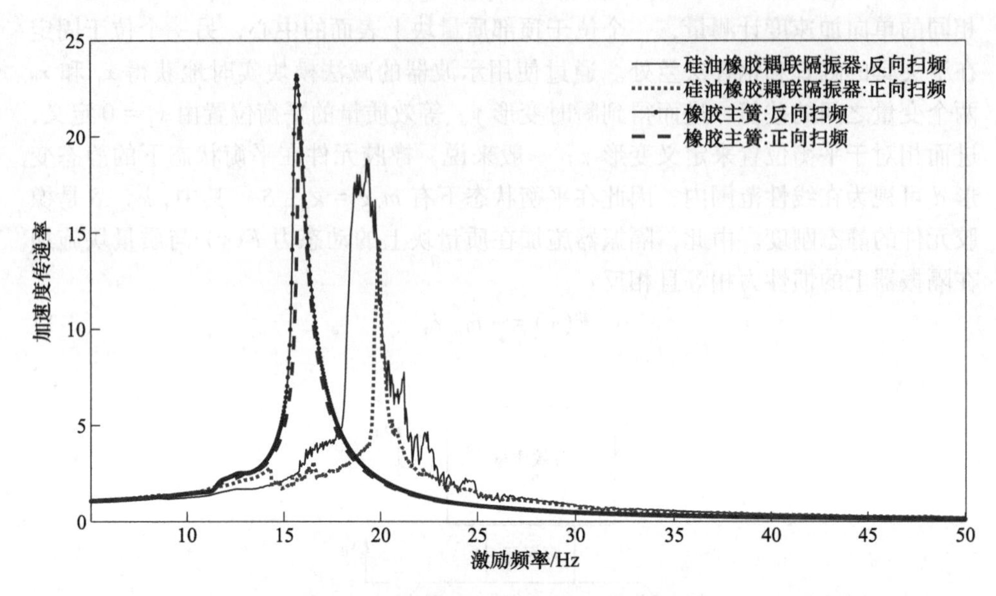

图 3-16 扫频激励下加速度传递率测试值

低频动态特性，这与第 3.2 节直接测试法的结果是一致的。由此可得橡胶主簧的动刚度为 $k_{r_{dyn}} = m_e\omega_n^2 \approx 887$ N/mm 。然而，对于硅油-橡胶耦联隔振器，正向和反向扫频得到的加速度传递率之间存在显著差别，两者之间出现了类似 Duffing 隔振系统的跳跃现象[178-179]，正向跳跃频率约为 19.95 Hz，反向跳跃频率约为 17.6 Hz。与橡胶主簧的传递率比较，耦联隔振器中的硅油呈现出明显的黏弹性行为，所表现出的非线性特性主要由硅油所致，这与第 3.2 节直接测试法的结果一致；而且，耦联隔振器呈现出软弹簧特性，这主要与硅油动态特性相关；此外，耦联隔振器能产生更大的阻尼，以抑制共振时的峰值振动响应。

3.3.2.2 正弦稳态实验

在 5~50 Hz 频率范围内，分别施加固定频率的正弦激励进行谐波稳态实验。通过 m+p VibPilot 装置，测试时将激励加速度 $\ddot{x}_0$ 的振幅用作控制变量，所有信号均由信号采集和分析系统 DH5922N 采集并存储，加速度计到系统的连接如图 3-14（b）中的实线所示。信号采集系统连续监测和采集响应加速度 $\ddot{x}_1(t)$ 和相对位移 y，并将运动达到稳态时的激励和响应信号同步储存起来。激励和响应信号的采样频率为 500~2000 Hz，以确保每个周期的采样数量在 40~60 个范围内。从第 3.3.2.1 节正弦扫频实验的结果可知，频率在 17.6~19.95 Hz 时，硅油-橡胶隔振系统的运动不稳定，因此在稳态实验中，硅油-橡胶隔振器的研究不考虑这一频率范围。隔振器施加在质量块上的力可由式（3-1）计算得到。由于隔振器的非线性特性，加速度响应信号 $\ddot{x}_1$ 的 FFT 频谱中存在超谐波，由第 3.2.2.1 节的结果可知，二次和三次谐波成分非常明显。为了更好地根据测试信号分析隔振器动态特性，对采集信号加一个截止频率为 $\frac{采样频率}{2.56}$ Hz 的低通滤波器，这样，三次谐波以下的非线性特性得到充分考虑。

A 橡胶主簧隔振器

如图 3-17 所示，橡胶主簧在 5 Hz 和 6 Hz 激励频率下的稳态滞后特性与 8 Hz 及以上的滞后特性明显不同，图中纵轴表示橡胶主簧隔振器施加到上面质量块的力，采用 F_r 表示。当激励频率在 8 Hz 及以上时，相对位移响应 y 可以近似地用正弦函数来模拟。第 4 章将基于这一特性进行建模研究。

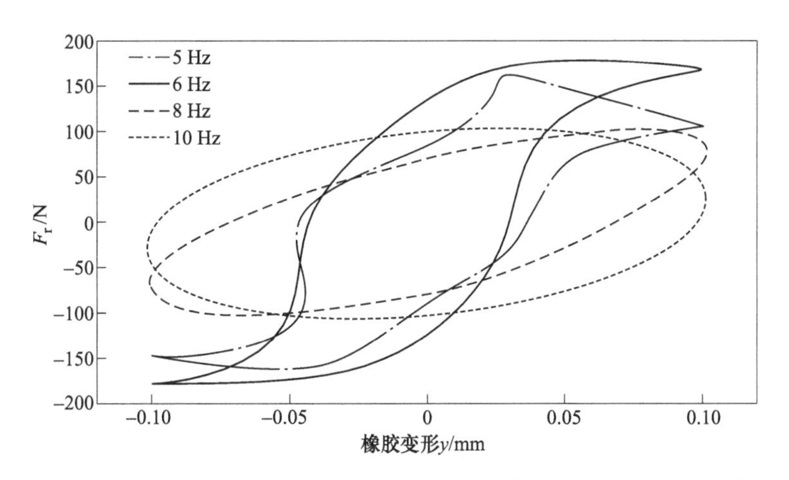

图 3-17 幅度 Y_0 = 0.1 mm 时橡胶隔振器在不同频率下的力-相对位移迟滞回线

a 振幅依赖特性

固定激励频率、改变激励振幅分别对隔振器进行实验。图 3-18 所示为激励频率分别为 10 Hz 和 35 Hz、激励振幅从 0.05 mm 到 0.25 mm 的稳态响应结果。从这些力-相对位移滞后环可以看到，橡胶隔振器的刚度随着振幅的变化基本保持不变。滞后环包围的面积（即隔振器每个振动周期的阻尼能量损失 E_r），通过 MATLAB 软件中的 trapz 函数计算得出，基于式（3-2）模拟 E_r：

$$E_r = aY_0^{\ 2} + bY_0 \tag{3-2}$$

式中，a 和 b 是两个常数；Y_0 是橡胶变形响应 y 的振幅。

利用最小二乘法对实验数据进行拟合，得到频率为 10 Hz 时，常数值为

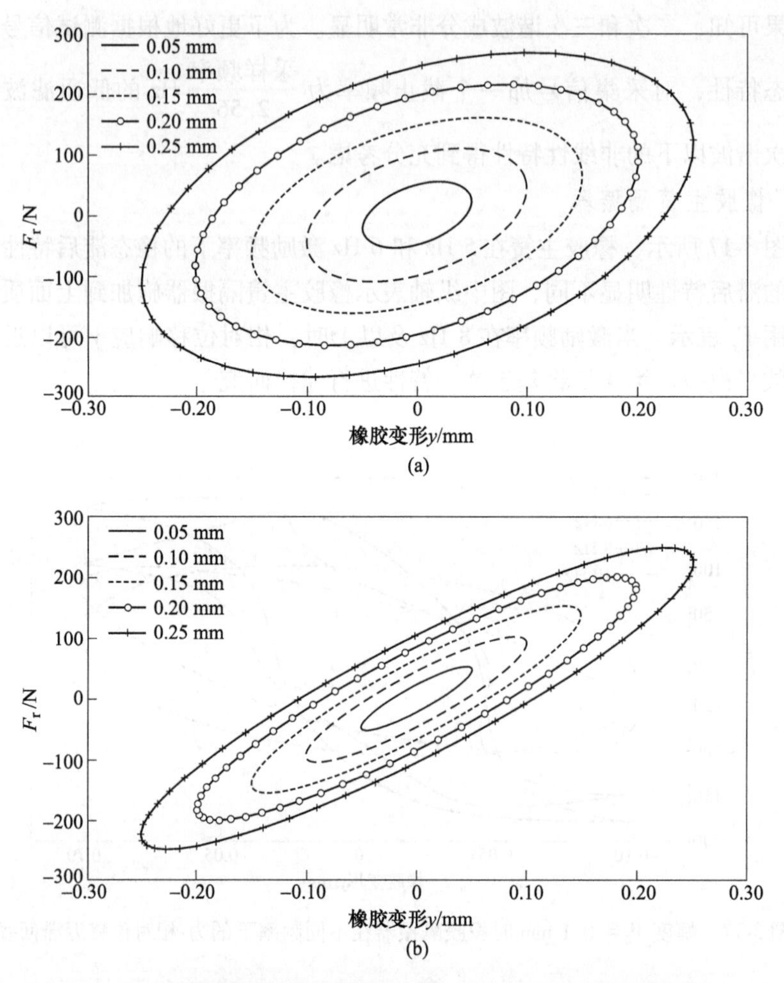

图 3-18 橡胶隔振器在不同振幅 Y_0 下的力-相对位移迟滞回线

(a) 10 Hz；(b) 35 Hz

$a=3037.10$ N/mm、$b=10.53$ N，频率为 35 Hz 时，$a=1293.10$ N/mm、$b=10.05$ N。将测试值和仿真结果进行对比，如图 3-19 所示，二者具有较好的一致性。由此可知，橡胶主簧以黏性阻尼为主，并具有不太明显的库伦阻尼特性。

b 频率依赖特性

橡胶变形振幅保持不变时（$Y_0=0.1$ mm），E_r 随激励频率的变化情况如图 3-20 所示（其中，仿真分析结果由第 4.2.2.1 节的模型 1 计算得到）。根据 Berg[57-58] 的研究，推测橡胶隔振器的动态特性中包含 Maxwell 黏弹性本构关系。

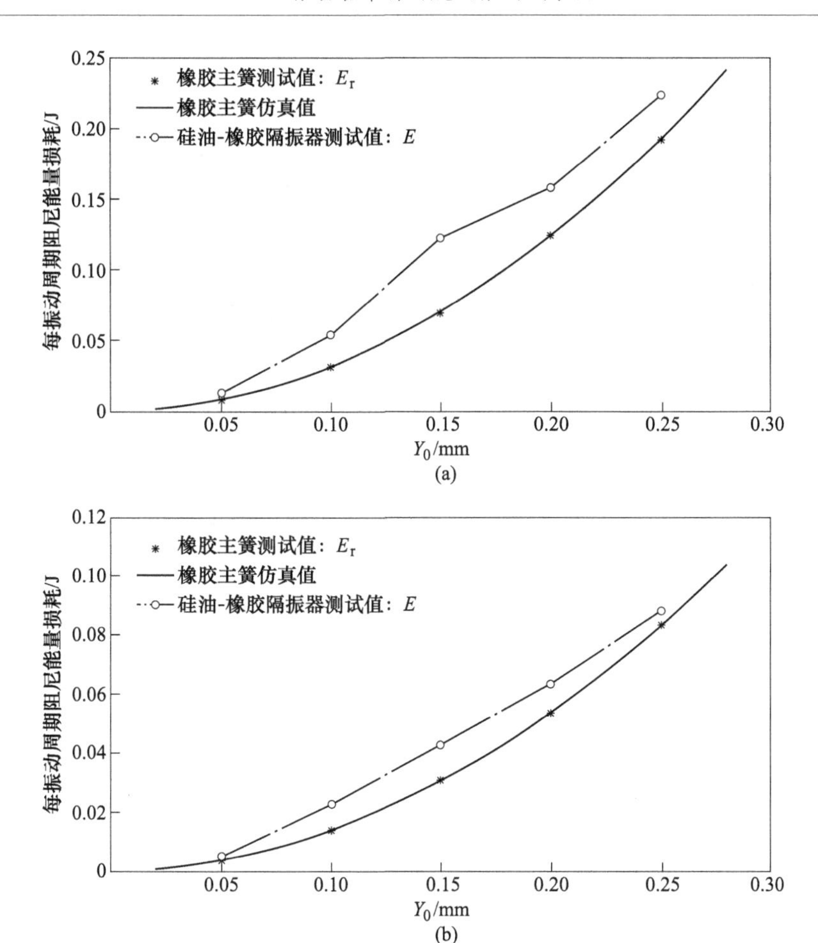

图 3-19 每个振动周期阻尼能量损耗与振幅 Y_0 的关系

(a) 10 Hz；(b) 35 Hz

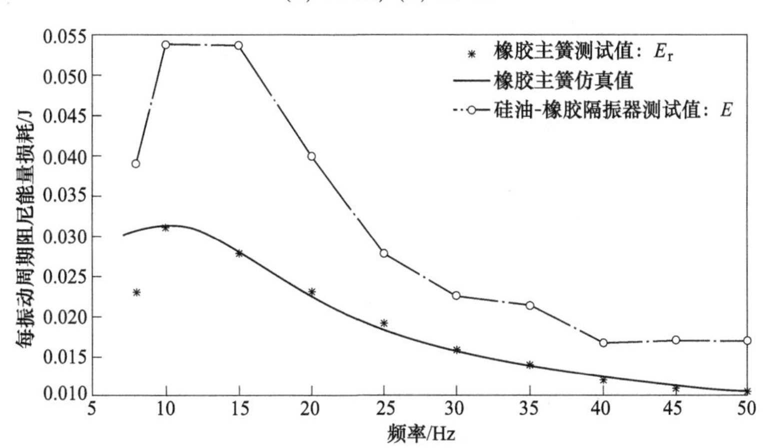

图 3-20 Y_0=0.1 mm 时每个振动周期阻尼能量损耗与激励频率的关系

B　硅油-橡胶耦联隔振器

通过受力分析可知，硅油-橡胶耦联隔振器工作时橡胶路径和液体路径是并联耦合关系，因此，对比研究硅油-橡胶隔振器和相应的橡胶主簧隔振器的实验特性，可以对液体部分的动态特性和两部分的耦合特性进行探讨。

a　振幅依赖特性

在固定激励频率、改变激励振幅的条件下，对硅油-橡胶隔振器进行与橡胶隔振器相同的实验。首先分析振幅依赖特性，结果如图 3-21 所示，可以明显看出，硅油-橡胶隔振器的动态刚度与振幅有关，并具有软弹簧特性。由此可以得到，隔振器的非线性特性主要是因为液体部分，而且呈现出软弹簧特性，这一结论与第 3. 3. 2. 1 节的正弦扫频实验的结果一致。

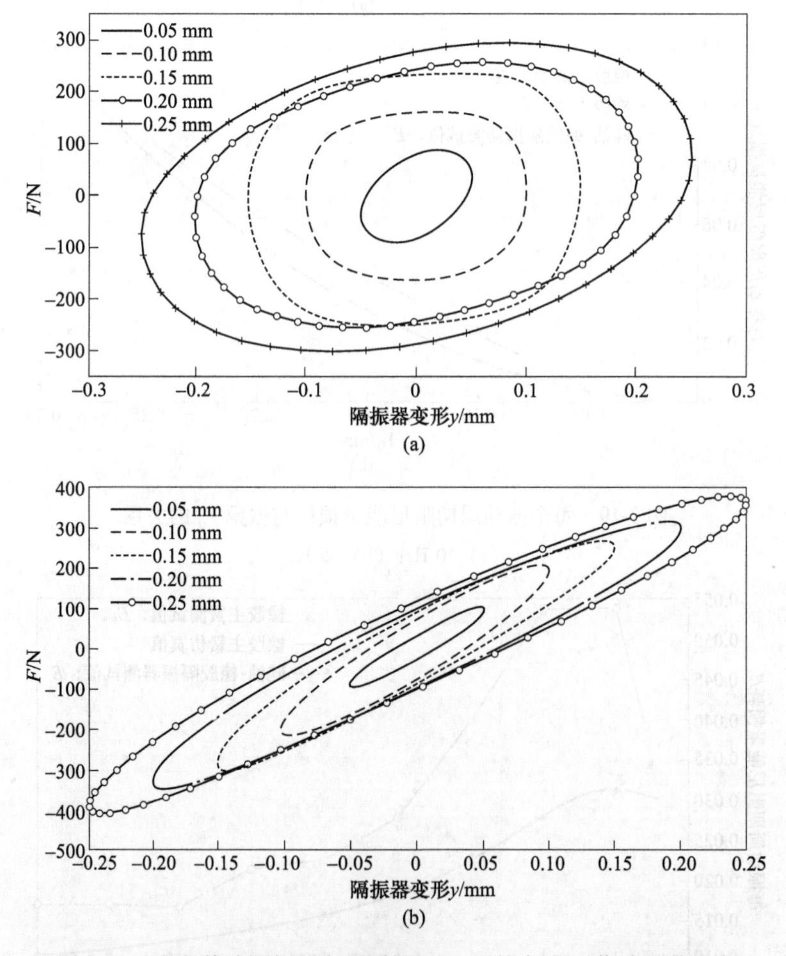

图 3-21　硅油-橡胶隔振器在不同振幅 Y_0 下的力-相对位移迟滞回线

(a) 10 Hz；(b) 35 Hz

硅油-橡胶耦联隔振器每个振动周期的阻尼能量损耗 E 可写成：

$$E = E_r + E_h$$

式中，E_h 表示液体部分的阻尼能量损耗。

如图 3-19 所示，每个周期 E 的阻尼能量损耗随振幅 Y_0 的增大而增大；但是，当 Y_0 的值大于 0.15 mm 时，E 的增长有所减小，这应该与结构耦合有关，因为阻尼板的移动是基于橡胶部分的变形程度。

b 频率依赖特性

图 3-20 所示为在保持变形振幅 $Y_0 = 0.1$ mm 不变的情况下，E 随激励频率的变化情况。由图 3-20 可以看到，与橡胶主簧测试值比较，E 和 E_r 随激励频率的变化趋势相似，硅油-橡胶隔振器能够产生更多阻尼，尤其在 10～15 Hz 时硅油-橡胶隔振器能够产生更大的阻尼。由此可以推断，具有硅油-橡胶隔振器的隔振系统固有频率可以设计在 10～15 Hz 频率范围内，这样较大的阻尼有利于抑制共振频率下的振动响应，而较小的阻尼则能在高频区域带来更好的隔振效果。

3.3.2.3 冲击实验

一个半正弦加速度 $\ddot{x}_0(t)$ 作为输入信号施加到隔振系统上，信号由 DH5922N 采集；脉冲持续时间为 2 ms，最大振幅为 $2g$；激励和响应信号的采样频率为 5000 Hz。硅油-橡胶隔振器和橡胶主簧隔振器的加速度响应 $\ddot{x}_1(t)$ 的比较如图 3-22（a）所示。硅油-橡胶隔振器在开始时会产生较高的峰值，但很快就会抑制随后的响应。图 3-22（b）比较了相应的相对位移响应。可以看到，硅油-橡胶隔振器更快地抑制了隔振系统的振动。此外，如图 3-22（a）所示，硅油-橡胶隔振器的加速度响应中存在微小的跳动（加速度变化率），这很可能是非对称阻尼特性造成的[180]。事实上，非对称非线性行为很可能更容易从瞬态响应中显现出来[180-181]。隔振器和阻尼器表现出的非对称刚度和阻尼特性对隔振系统的瞬时动态响应有显著影响[181-185]。

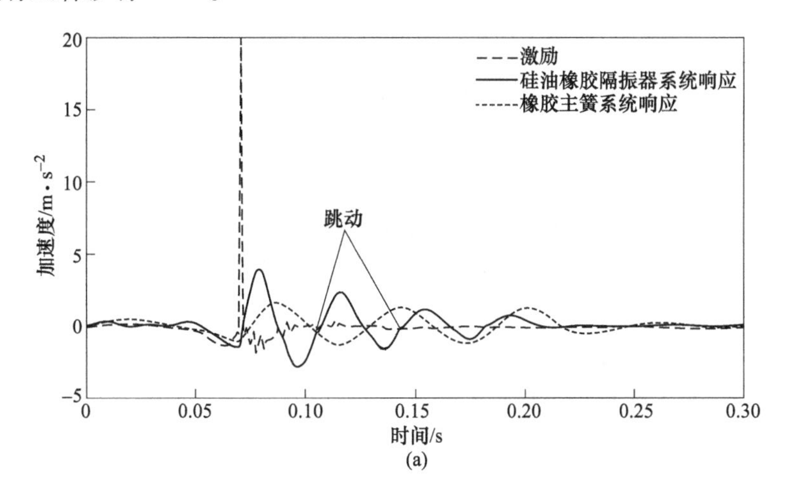

(a)

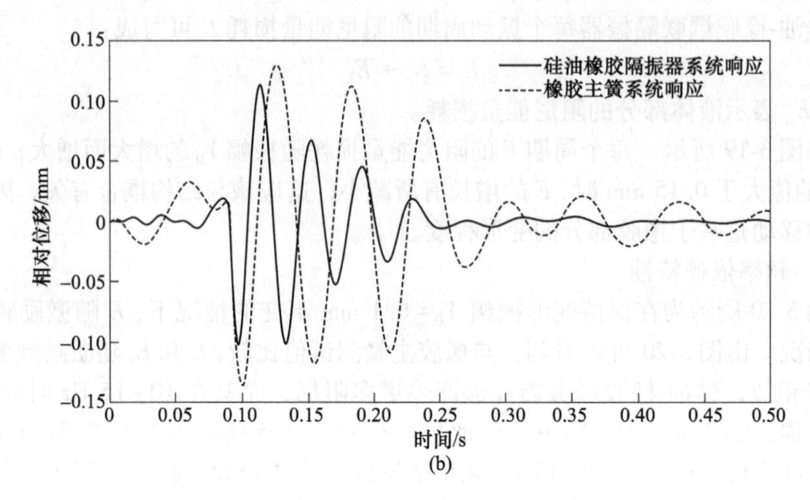

图 3-22　半正弦加速度脉冲冲击响应实验结果

（a）加速度响应；（b）相对位移响应

3.4　小　　结

本章首先介绍了硅油-橡胶耦联隔振器的结构和工作原理，之后分别基于直接法测试实验平台和振动台隔振系统测试实验平台，进行硅油-橡胶耦联隔振器和橡胶主簧隔振器的对比实验，对隔振器 50 Hz 以下的动态特性进行实验研究；分别在简谐激励下测量力-位移迟滞回线、在扫频激励下测量加速度传递率，而且通过半正弦脉冲激励获得冲击响应，从而分析隔振器的动态特性，主要得到了以下结论：

（1）硅油-橡胶耦联隔振器在低频大振幅激励下，具有明显的频率依赖性、振幅依赖性、预载荷依赖性等非线性动态特性。

（2）硅油-橡胶耦联隔振器的刚度呈现软弹簧特性，主要是因为硅油的非线性黏弹性特性。

（3）橡胶和硅油部分的耦合特性对耦联隔振器的振幅相关特性有明显影响。

（4）硅油-橡胶耦联隔振器具有明显的分段阻尼特性，主要在 5 Hz（不包括 5 Hz）以下的低频段或者在承受冲击激励时呈现出来；分段阻尼特性主要与液体腔室结构的不对称性有关。

（5）当隔振系统的固有频率设计在 10~15 Hz 频率范围内时，硅油-橡胶耦联隔振器表现出理想的隔振性能。

4 硅油-橡胶耦联隔振器低频动态特性建模方法研究

4.1 二维流固耦合有限元模型及结果分析[177]

4.1.1 有限元建模

基于 ADINA 有限元软件，建立如图 4-1 所示的二维 1/2 硅油-橡胶耦联隔振器有限元模型。图 4-1（a）所示为分别建立的流体和固体几何模型，由于钢套与液体钢杯通过螺栓连接将隔振器安装于车架，而且材料相同，因此建模时处理为一个整体。图 4-1（b）所示为隔振器有限元模型，采用 4 节点平面单元划分网格，按照直接测试法设置边界条件并施加载荷，具体的材料属性、边界条件、施加载荷等设置如下：

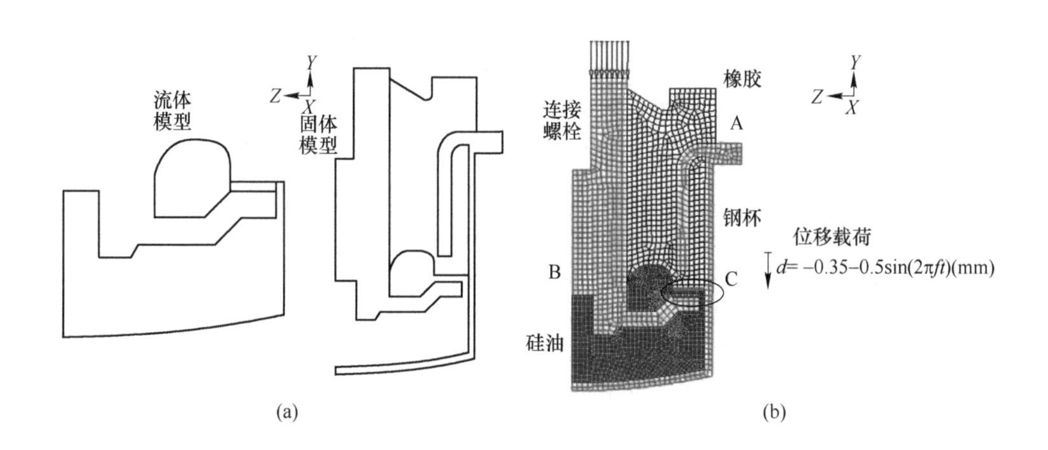

图 4-1　硅油-橡胶耦联隔振器流固耦合分析模型

（a）几何模型；（b）有限元模型

（1）材料属性。有限元模型中各部分材料属性的设置见表 4-1，橡胶采用线性模型，液体材料属性定义为常数，假设为纯黏性流体。

表 4-1　有限元模型中定义的材料属性

橡胶	钢	硅油
密度 1. 3×10^3 kg/m^3	密度 7. 85×10^3 kg/m^3	密度 0. 97×10^3 kg/m^3
弹性模量 4. 2 MPa	弹性模量 2. 1×10^5 MPa	运动黏度 50000 mm^2/s
泊松比 0. 49	泊松比 0. 3	体积弹性模量 1. 1×10^3 MPa

（2）边界条件。对图 4-1（b）的 A 区节点施加位移全约束，即与车架连接部位固定不动，B 区节点施加对称约束（即 Z 方向自由度固定），C 区中设置 Gap 边界条件，其开闭限值为 1 mm；液体与螺杆下部表面、阻尼盘和橡胶下部表面接触的表面全部设为流固耦合壁面（Fluid-Structure Interface）；流体与钢杯接触的表面定义为固定壁面（Wall）。

（3）施加载荷。在螺杆上部与驾驶室连接部位施加位移动载荷 $d=-0.35-0.5\sin(2\pi ft)$（mm），如图 4-1（b）所示；激励频率分别设置为 2 Hz、5 Hz 和 8 Hz 进行仿真模拟，总时间设为 35 s，前 10 s 分 50 个载荷步施加位移载荷，使位移载荷从 0 等步长增加到 0. 35 mm，之后对于 2 Hz 和 5 Hz 分 1000 个载荷步施加正弦激励，对于 8 Hz 分 2000 个载荷步施加正弦激励。

4. 1. 2　稳态仿真分析结果与讨论

通过仿真分析获得了激励频率分别为 2 Hz、5 Hz 和 8 Hz 时，运动达到稳态后某个振动周期内的不同时刻的仿真结果，包括液体压力分布云图、液体流速分布云图以及固体部分（包括橡胶主簧、螺杆、壳体和阻尼盘）的应力云图。图 4-2~图 4-5 给出 2 Hz 时一个稳态周期内的仿真结果，其他激励频率的更多仿真结果可参考文献［177］。有限元模型中定义的液体材料参数均为常数，从分析结果得到，硅油-橡胶耦联隔振器动态特性随频率变化的趋势是一致的。

由液体压力分布云图可以得到，由阻尼盘分隔的上下两液室的压力分布基本是均匀的，而连通上下两液室的液体通道（由环形间隙以及阻尼盘和橡胶主簧底部的间隙形成）中液体的压力梯度明显；另外，在阻尼盘向上运动时，阻尼盘和橡胶主簧底部的间隙中液体的压强会变得很大。

由液体流速分布云图可以得到：

（1）在阻尼盘和液体钢杯形成的环形间隙的入口和出口位置，流体流速的变化最为剧烈。

（2）对于阻尼盘和橡胶主簧底部形成的间隙，流体在其入口和出口处流速变化也较大。

（3）阻尼盘向上和向下运动时，阻尼盘和橡胶主簧底部之间的间隙是变化的，受这个间隙的影响，在一个正弦运动周期内，向上和向下的流体流速是不对称的。总体来看，阻尼盘向上运动时（间隙变小），流体流速向下，其变化更为剧烈而且更大。

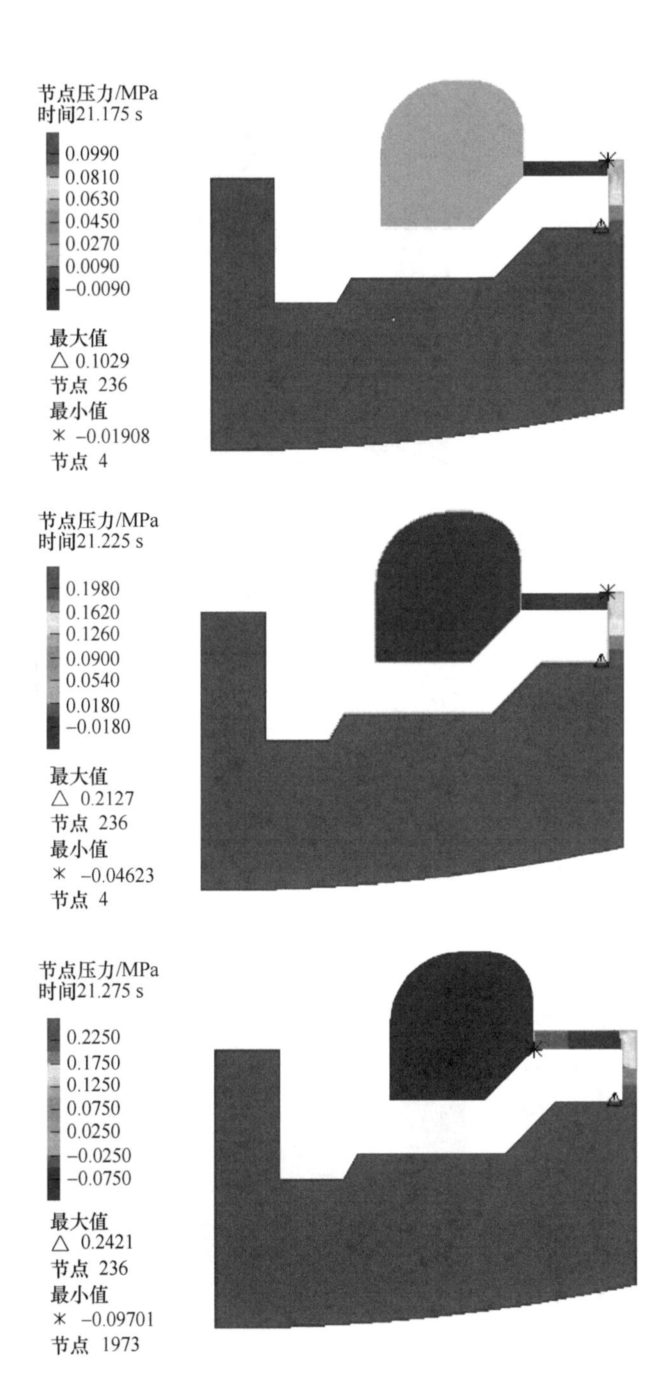
节点压力/MPa
时间21.175 s
0.0990
0.0810
0.0630
0.0450
0.0270
0.0090
−0.0090
最大值
△ 0.1029
节点 236
最小值
* −0.01908
节点 4
节点压力/MPa
时间21.225 s
0.1980
0.1620
0.1260
0.0900
0.0540
0.0180
−0.0180
最大值
△ 0.2127
节点 236
最小值
* −0.04623
节点 4
节点压力/MPa
时间21.275 s
0.2250
0.1750
0.1250
0.0750
0.0250
−0.0250
−0.0750
最大值
△ 0.2421
节点 236
最小值
* −0.09701
节点 1973

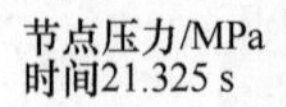

0.1575
0.1125
0.0675
0.0225
−0.0225
−0.0675
−0.1125

最大值
△ 0.1788
节点 236
最小值
⁎ −0.1393
节点 1973

节点压力/MPa
时间21.425 s

0.0100
−0.0100
−0.0300
−0.0500
−0.0700
−0.0900
−0.1100

最大值
△ 0.01766
节点 1
最小值
⁎ −0.1216
节点 2087

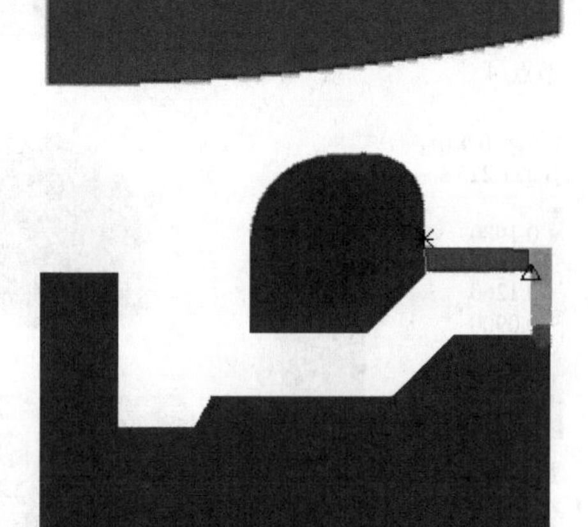

节点压力/MPa
时间21.475 s

0.0180
−0.0180
−0.0540
−0.0900
−0.1260
−0.1620
−0.1980

最大值
△ 0.04449
节点 4
最小值
⁎ −0.2139
节点 236

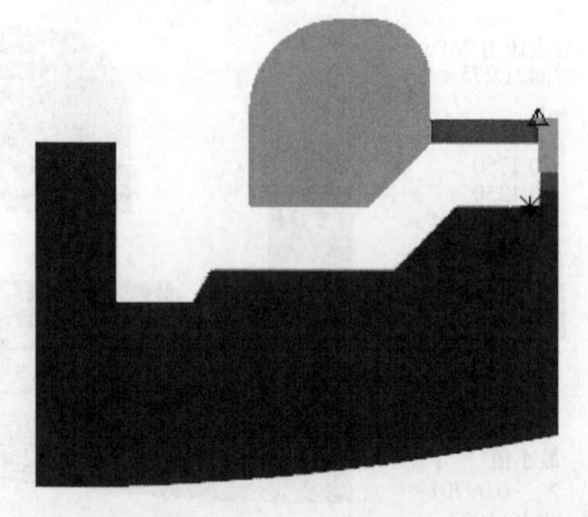

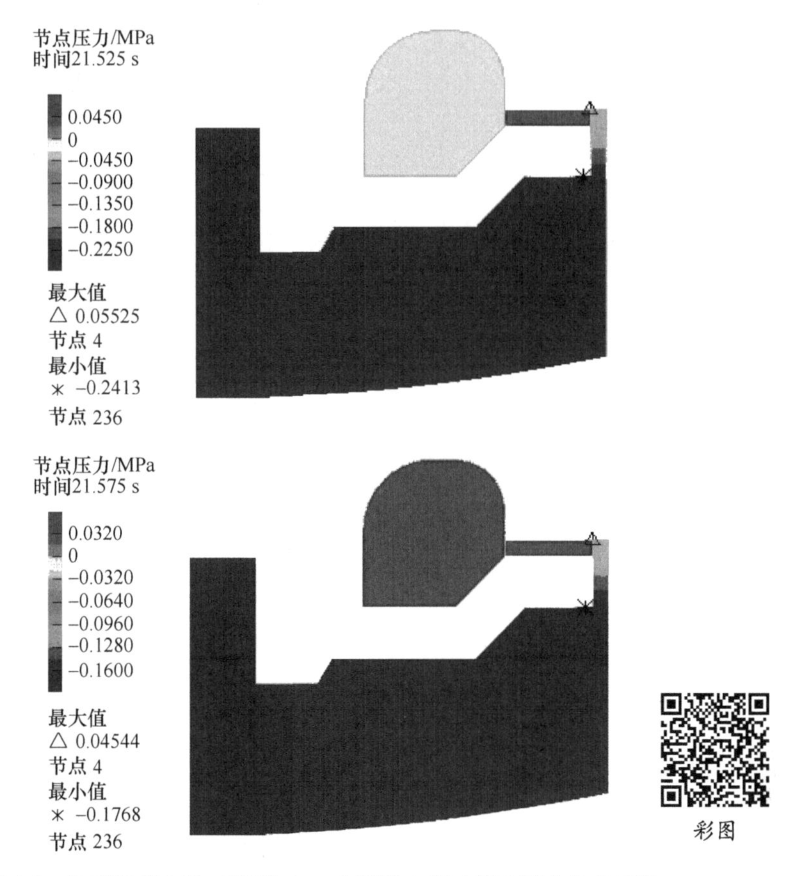

图 4-2 激励频率 2 Hz 时液体在一个周期内各时刻的压力分布云图

以上分析表明，在液体为纯黏性流体的假设下，液体阻尼通过上下两液室压强差产生，仿真结果符合液压阻尼器的设计原理；此外，阻尼盘和橡胶主簧底部的间隙对液体阻尼特性的影响较为明显，这一点符合第 3.2 节直接法动态实验得到的结果。然而，仿真结果中两液室压强差和液体流速等特性（决定阻尼器产生的阻尼力大小）随着频率的增大而不断增大，而在第 3.2 节的动态实验研究中，硅油-橡胶耦联隔振器的阻尼和频率之间没有这种简单的增大关系。这些不一致之处，究其原因，是由于硅油是一种具有弹性特性的非牛顿流体，本章的有限元模型对液体属性的定义不能完全描述隔振器中液体的特性。

由固体部分应力云图结果可得，在一个运动周期的各时刻，橡胶主簧与钢套连接处应力均较大；阻尼盘的受力相对较大，是由于液体阻尼力是通过阻尼盘上下运动扰动液体而产生的。因此，在硅油-橡胶耦联隔振器的结构设计中，橡胶主簧和钢套的硫化强度以及阻尼盘的强度应得以保证。

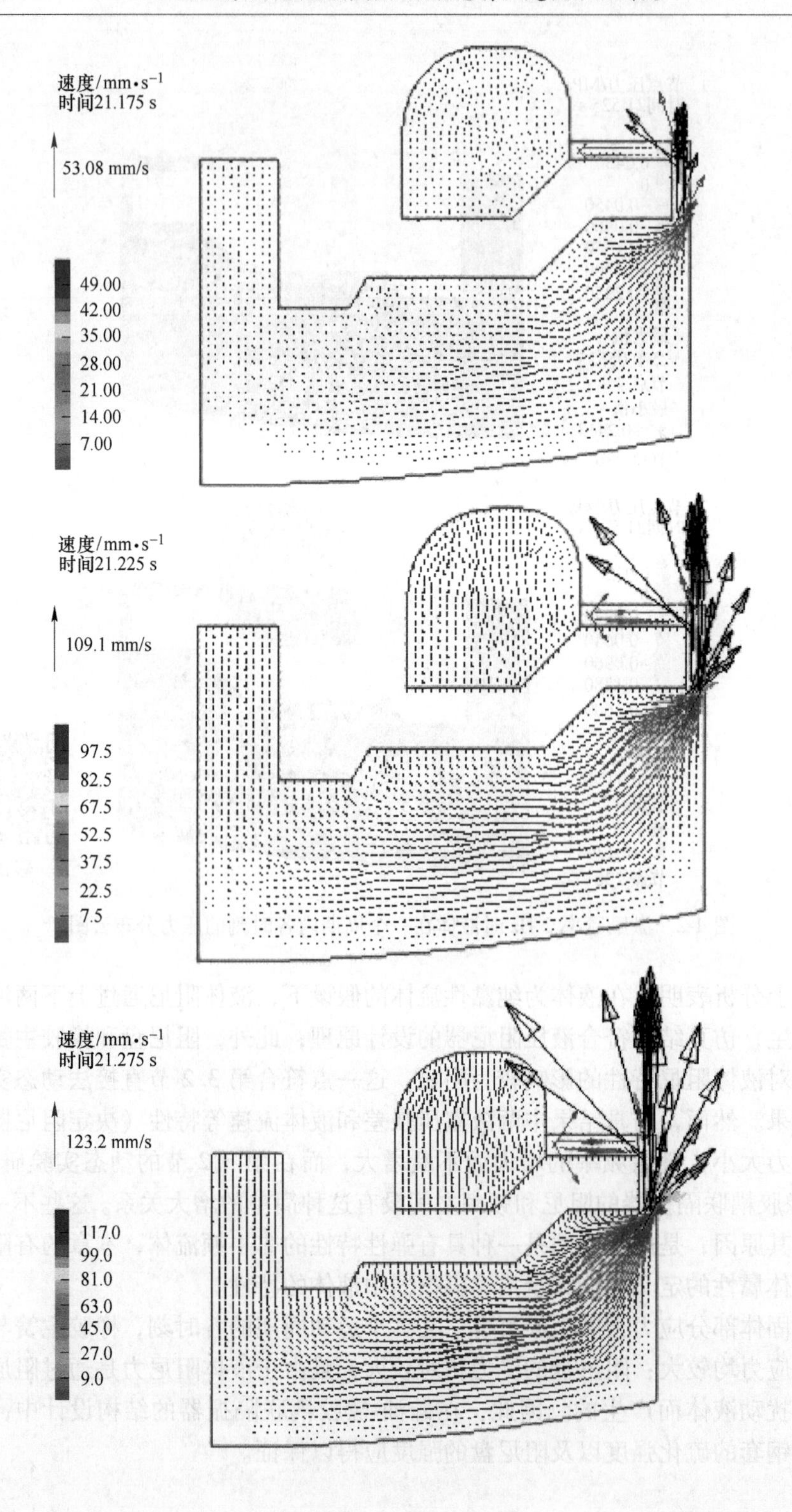

速度/mm·s⁻¹
时间21.175 s
53.08 mm/s
49.00
42.00
35.00
28.00
21.00
14.00
7.00
速度/mm·s⁻¹
时间21.225 s
109.1 mm/s
97.5
82.5
67.5
52.5
37.5
22.5
7.5
速度/mm·s⁻¹
时间21.275 s
123.2 mm/s
117.0
99.0
81.0
63.0
45.0
27.0
9.0

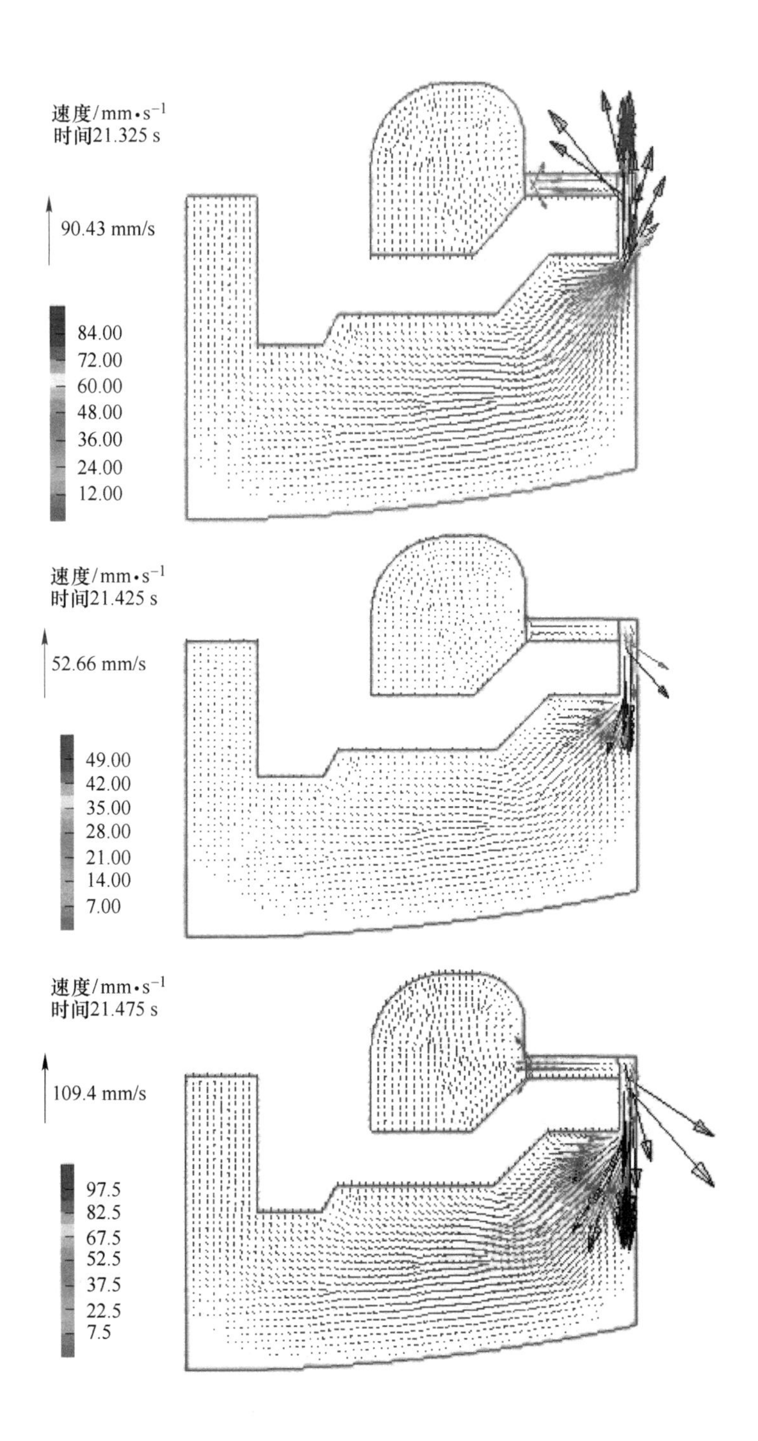
速度/mm·s⁻¹
时间21.325 s
90.43 mm/s
84.00
72.00
60.00
48.00
36.00
24.00
12.00
速度/mm·s⁻¹
时间21.425 s
52.66 mm/s
49.00
42.00
35.00
28.00
21.00
14.00
7.00
速度/mm·s⁻¹
时间21.475 s
109.4 mm/s
97.5
82.5
67.5
52.5
37.5
22.5
7.5

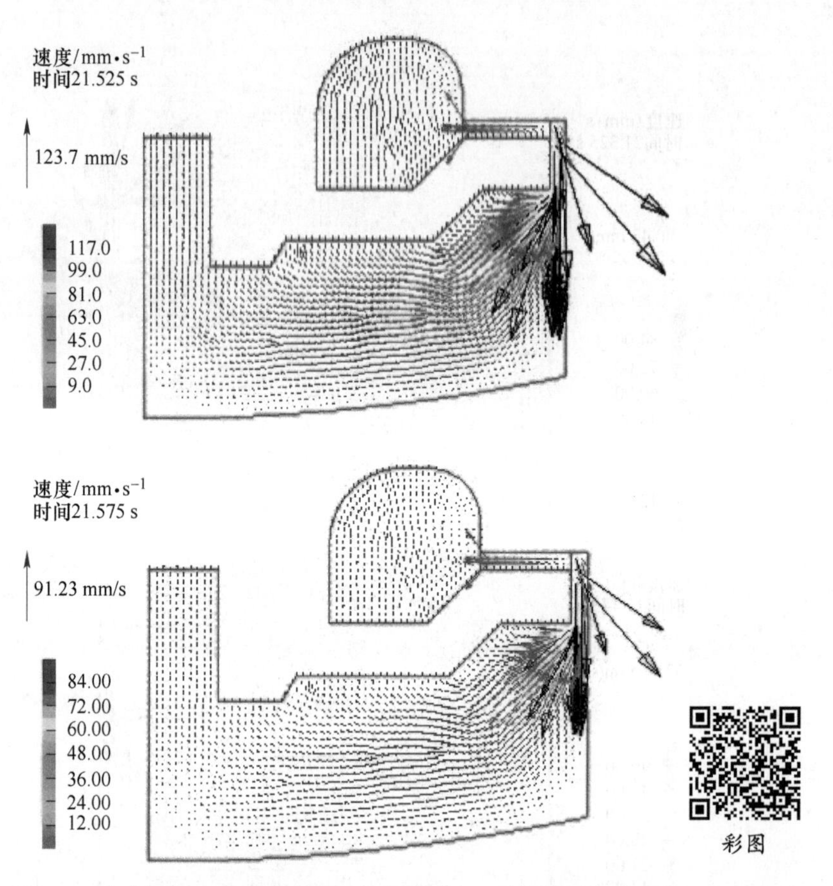

图 4-3　激励频率 2 Hz 时液体在一个周期内各时刻的流速分布云图

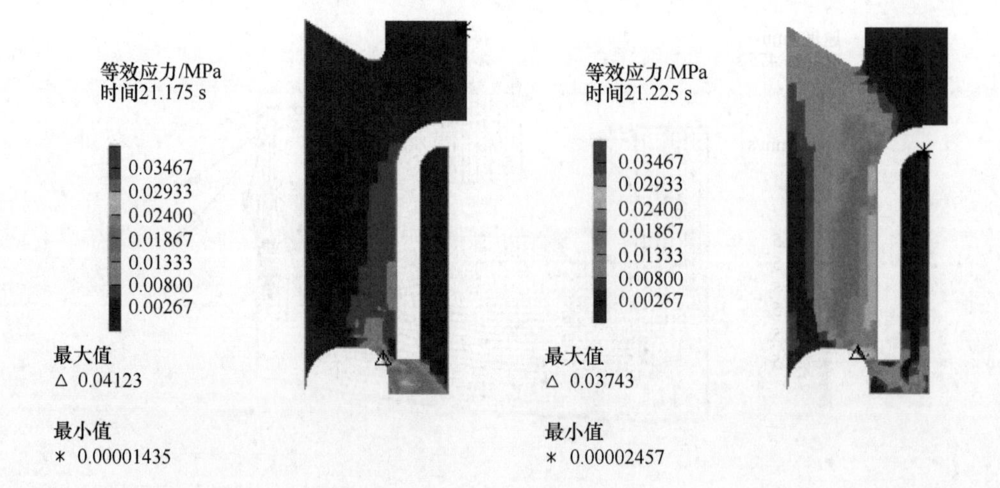

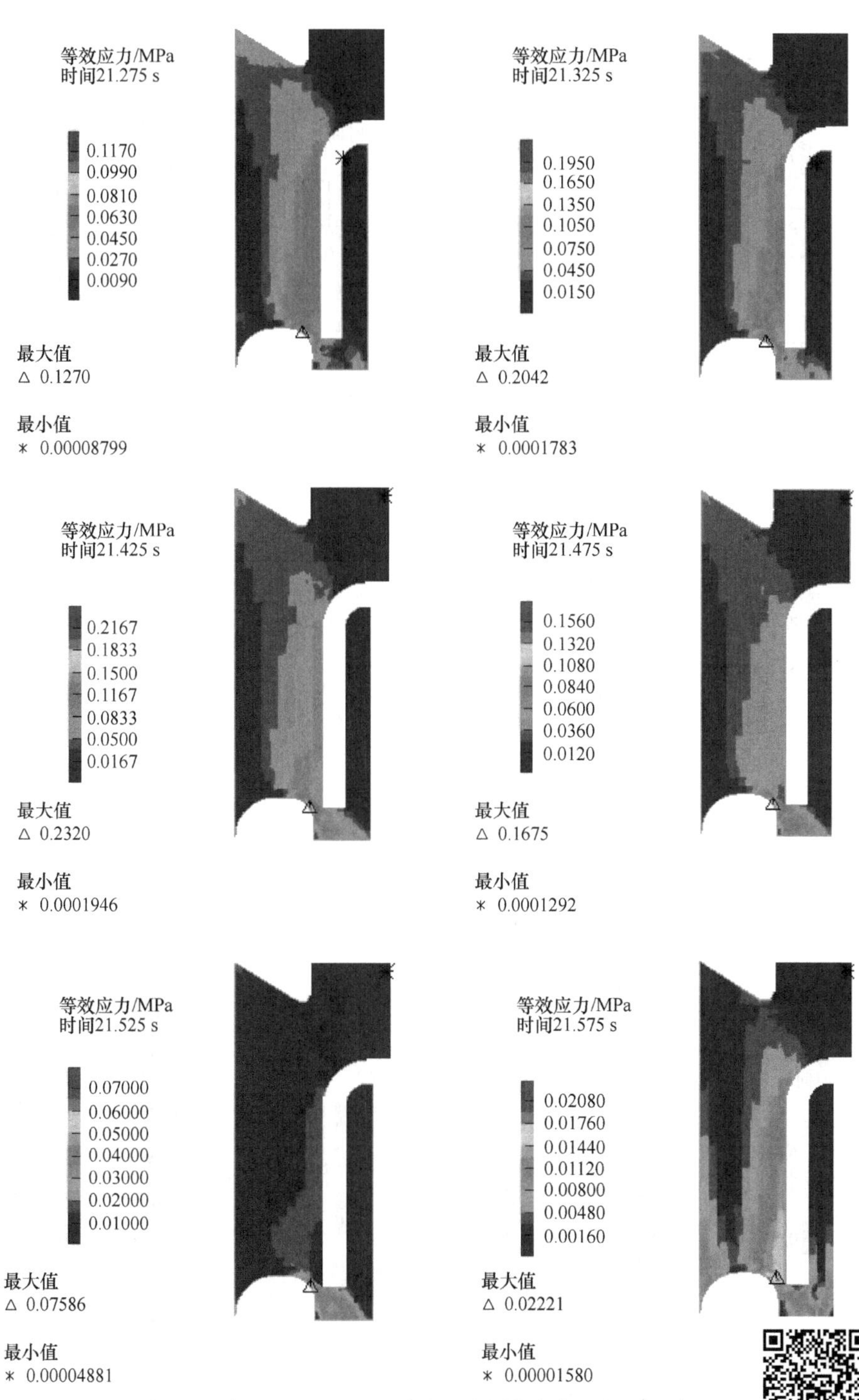

图 4-4 激励频率 2 Hz 时橡胶主簧在一个周期内各时刻的应力云图

彩图

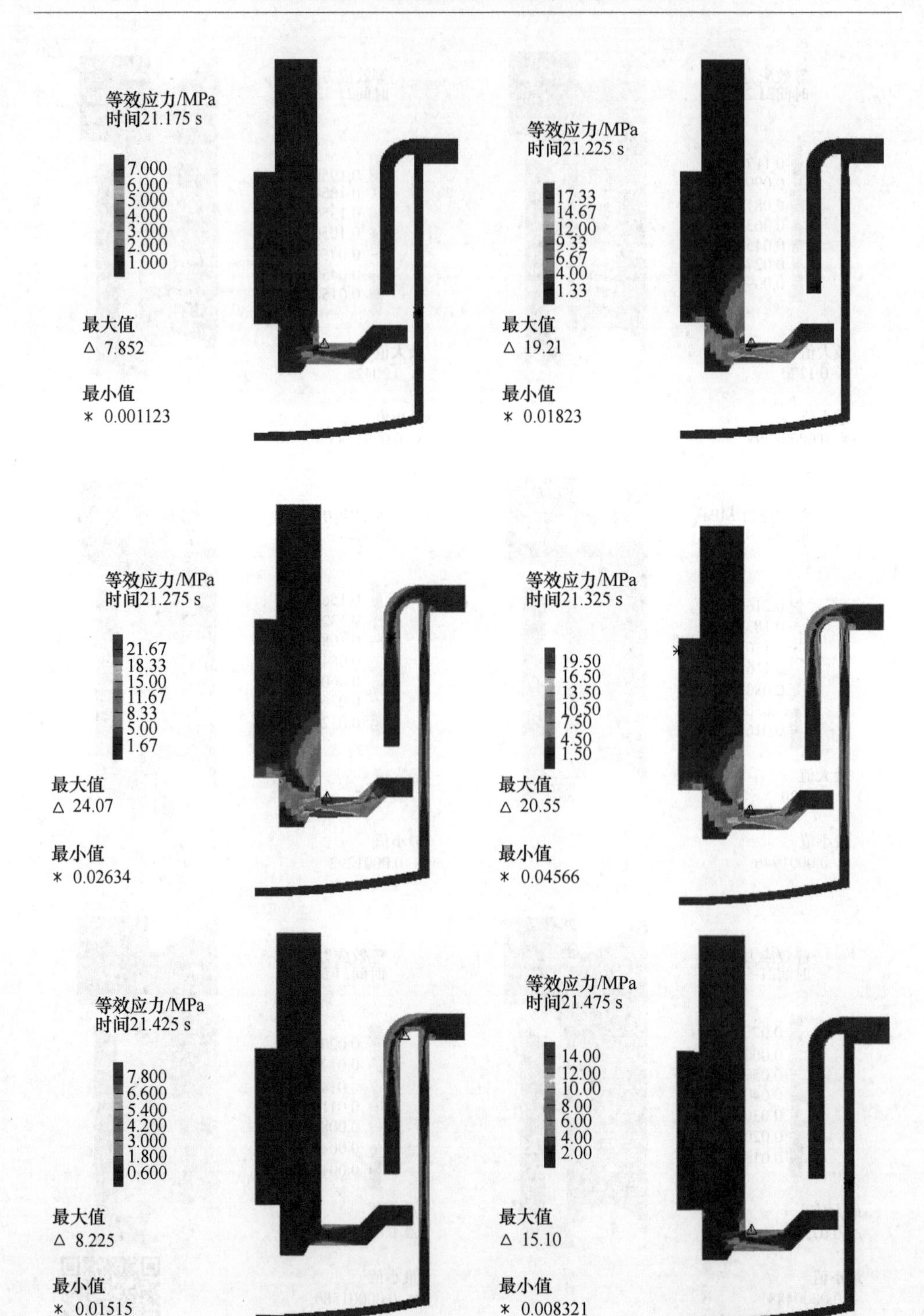
等效应力/MPa
时间21.175 s
7.000
6.000
5.000
4.000
3.000
2.000
1.000
最大值
△ 7.852
最小值
* 0.001123
等效应力/MPa
时间21.225 s
17.33
14.67
12.00
9.33
6.67
4.00
1.33
最大值
△ 19.21
最小值
* 0.01823
等效应力/MPa
时间21.275 s
21.67
18.33
15.00
11.67
8.33
5.00
1.67
最大值
△ 24.07
最小值
* 0.02634
等效应力/MPa
时间21.325 s
19.50
16.50
13.50
10.50
7.50
4.50
1.50
最大值
△ 20.55
最小值
* 0.04566
等效应力/MPa
时间21.425 s
7.800
6.600
5.400
4.200
3.000
1.800
0.600
最大值
△ 8.225
最小值
* 0.01515
等效应力/MPa
时间21.475 s
14.00
12.00
10.00
8.00
6.00
4.00
2.00
最大值
△ 15.10
最小值
* 0.008321

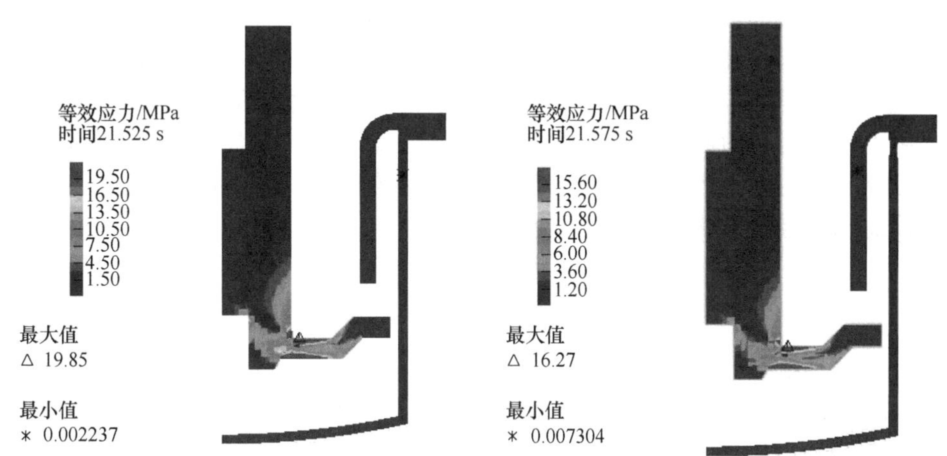

图 4-5 激励频率 2 Hz 时壳体、螺杆和阻尼盘在一个周期内各时刻的应力云图

彩图

4.2 基于实验研究的半解析模型[6,34,160]

4.2.1 硅油-橡胶耦联隔振器等效模型

根据工作原理，图 3-1 所示的硅油-橡胶耦联隔振器可以看作由橡胶路径和硅油流体路径耦合并联组成，如图 4-6 所示。隔振器传到接受体上的力表示为：

$$F = F_r + F_h \tag{4-1}$$

式中，F_r 和 F_h 分别表示橡胶部分和硅油部分产生的力。

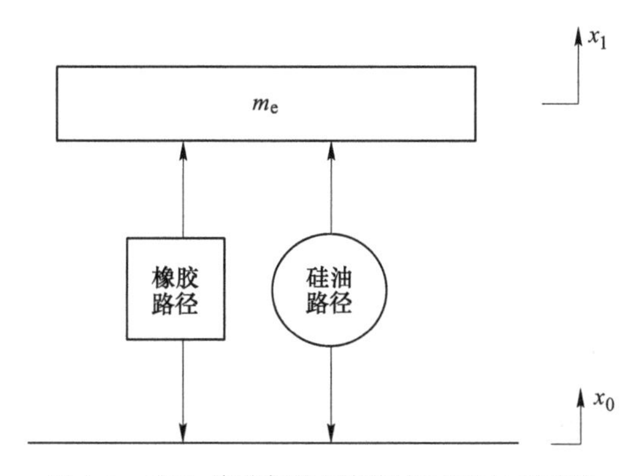

图 4-6 硅油-橡胶耦联隔振器构成的悬置系统

据此，本节将根据第 3.3 节的振动台单自由度隔振测试结果对橡胶和流体两

个路径分别建模研究。图 4-7 给出隔振器结构示意图和建模时液体路径的坐标系，相关结构尺寸和材料参数列于表 4-2 中。由于橡胶主簧具有足够的厚度，因此在垂直方向认为橡胶主簧具有足够的刚度，从而橡胶底部和液体腔室 1 的相互作用可以被忽略。由此，橡胶路径将依据橡胶主簧隔振器的实验结果进行建模。同时，为了更好地描述隔振器非线性动态特性，液体路径将分别基于流体力学理论和集总参数建模方法进行建模研究。

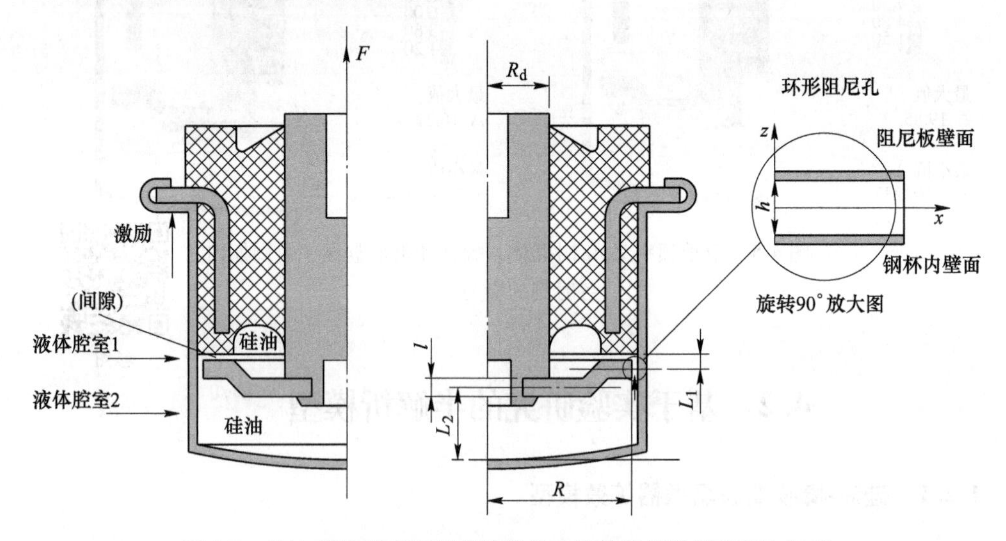

图 4-7　硅油-橡胶耦联隔振器的结构和液体路径数学建模坐标系

表 4-2　液体路径的尺寸和材料参数

参数名称	取值
阻尼板半径 R	49 mm
阻尼板厚度 l	6 mm
环形阻尼孔宽度 h	2 mm
连接螺杆半径 R_d	21 mm
液体腔室 1 高度 L_1（静平衡位置）	5 mm
液体腔室 2 高度 L_2（静平衡位置）	23 mm
流体黏度 μ	49×10^{-6} MPa · s

4.2.2　橡胶路径等效模型

4.2.2.1　模型 1

根据第 3.2.2.2 节的正弦稳态实验所得到的结果，橡胶主簧主要表现出黏弹性特性，此外还具有一定的库伦阻尼特性。采用 Mallik[159] 提出的方法，作用到质量块的力由 3 个力叠加而成，建立橡胶主簧的集总参数模型，如图 4-8 所示，力 F_r 和位移 y 之间的关系可以写成：

$$F_r = F_{rM} + F_{rkv} + F_{rc} \tag{4-2}$$

式中，F_{rM}、F_{rkv} 和 F_{rc} 分别为修正的 Maxwell 元素、修正的 Kelvin-Voigt 元素和 Coulomb 阻尼元素定义的力。

$$\dot{F}_{rM}(t) = k_{rM}\dot{y}(t) - \frac{k_{rM}}{c_{rM}(\omega)}F_{rM}(t)$$

$$k_{rM} = 887\ \text{N/mm},\ c_{rM}(\omega) = 0.512\omega\ \text{N} \cdot \text{s/mm}$$

$$F_{rkv}(t) = k_{r1}y(t) + c_{r1}(\omega)\dot{y}(t)$$

$$k_{r1} = 44.5\ \text{N/mm},\ c_{r1} = \left(\frac{5.8}{\omega} + \frac{4324.6}{\omega^{1.5}}\right)\ \text{N} \cdot \text{s/mm}$$

$$F_{rc}(t) = f_{rc}\operatorname{sgn}(\dot{y}(t))$$

$$f_{rc} = 2.65\ \text{N},\ \operatorname{sgn}(\dot{y}) = \begin{cases} +1 & y > 0 \\ -1 & y < 0 \\ 0 & y = 0 \end{cases}$$

根据式（4-2）得到的力 F_r，每个周期的能量损耗 E_r 为：

$$E_r = E_{rM} + E_{rkv} + E_{rc} \tag{4-3}$$

$$E_{rM} = \frac{\pi\omega c_{rM}}{1 + (\omega c_{rM}/k_{rM})^2}Y_0^2$$

$$E_{rkv} = \pi\omega c_{r1}Y_0^2$$

$$E_{rc} = 4f_{rc}Y_0$$

所得结果在图 3-20 中绘出，与测试值比较，除了 8 Hz 以外，在 10~50 Hz 频率范围内均有较好的拟合效果。回顾图 3-17，橡胶隔振器的动态特性可能在 8 Hz 左右出现过渡，10 Hz 以下的动态特性不能由以上模型进行描述。图 4-9 比较了不同振动频率和变形振幅下的力-位移迟滞回线仿真和测试结果，可以看到，在 10~50 Hz 频率范围内，仿真和测试结果具有较好的一致性。

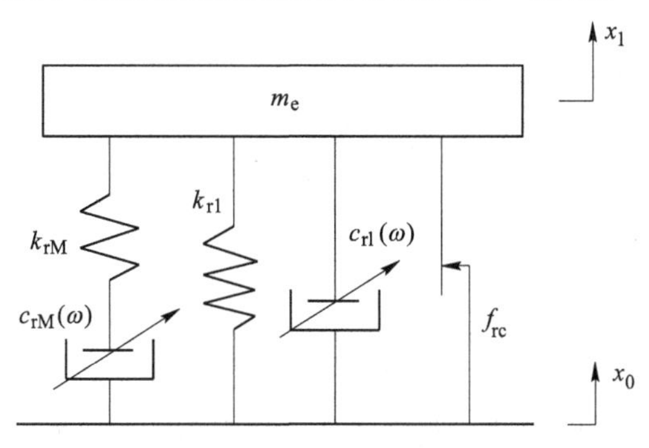

图 4-8 橡胶隔振器单自由度叠加集总参数模型

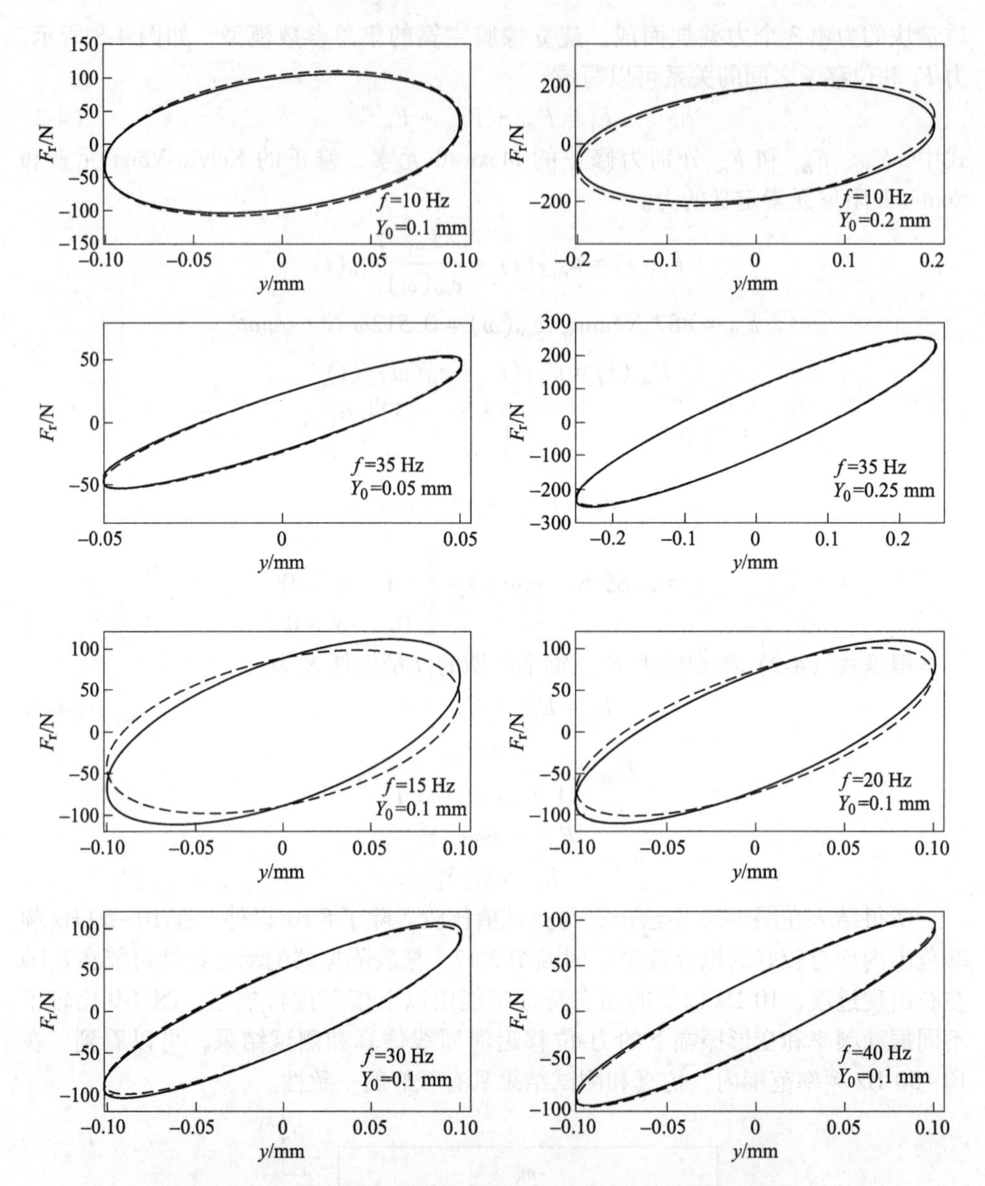

图 4-9　橡胶隔振器在不同频率不同变形振幅下的力-位移迟滞回线结果对比（模型 1）
（---测试值；——仿真值）

4.2.2.2　模型 2

虽然模型 1 已较好地描述了橡胶主簧隔振器的低频动态特性，但是模型参数太多，不方便复杂隔振系统的建模应用。由第 3 章的实验研究可知，低频振动下橡胶主簧的动态特性近似线性，刚度约为 887 N/mm，阻尼以黏性阻尼为主，因此这里采用常用的 Kelvin-Voigt 模型来描述橡胶主簧的低频动态特性。橡胶路径

产生的力 F_r 表示为：

$$F_r = k_r y + c_r \dot{y} \tag{4-4}$$

$$k_r = 887 \times \left(\frac{\omega}{2 \times \pi \times 35}\right)^{0.42} \text{ N/mm}$$

$$c_r = 0.87 + 43.1 \times e^{-0.0169\omega} \text{ N} \cdot \text{s/mm}$$

图 4-10 给出了变形振幅为 $Y_0 = 0.1$ mm 时，橡胶主簧阻尼能量损耗 E_r 随激励频率变化的拟合曲线，及其与测试值的比较；图 4-11 比较了不同频率不同变形振幅下力-位移滞回曲线的测试和仿真结果。可以看到，在 10~50 Hz 频率范围内，该模型能够较好地描述橡胶主簧隔振器的动态性能。

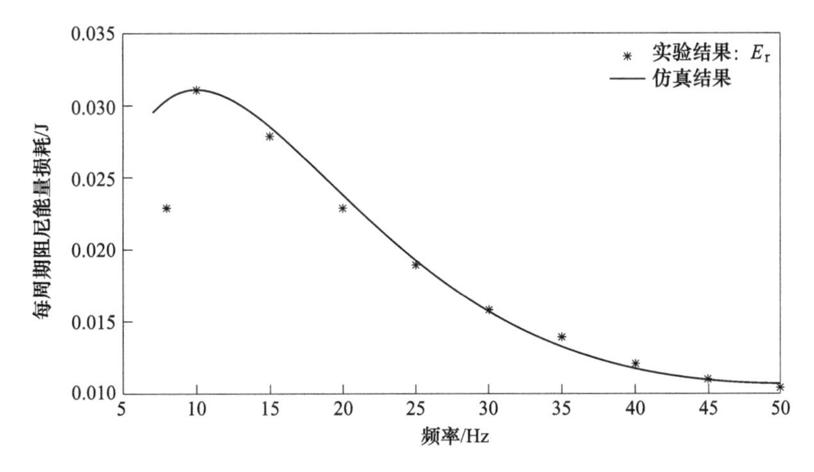

图 4-10 橡胶隔振器在振幅 $Y_0 = 0.1$ mm 下每周期阻尼能量损耗与激励频率的关系

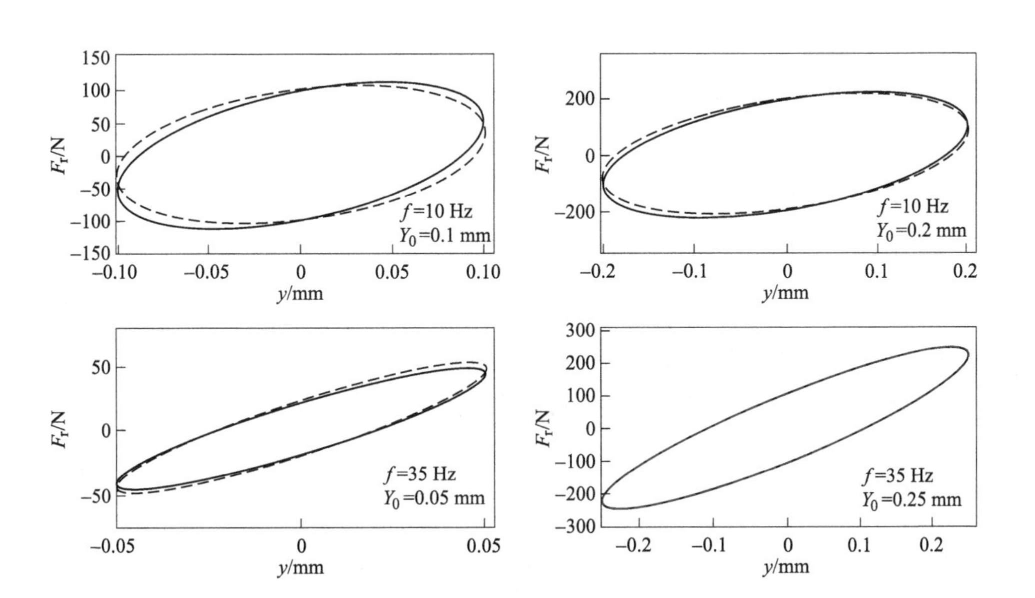

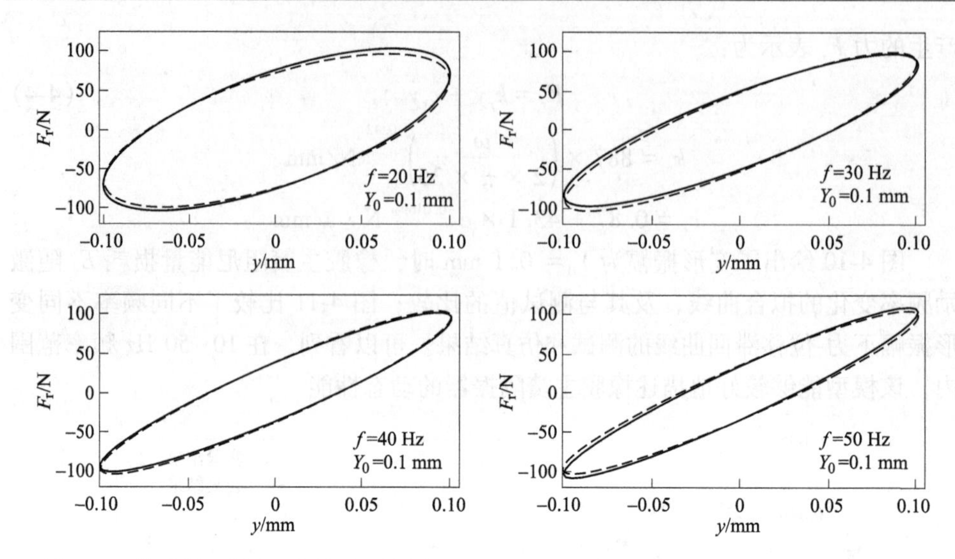

图 4-11　橡胶隔振器在不同频率不同变形振幅下的力-位移迟滞回线结果对比（模型 2）
（---测试值；——仿真值）

4.2.3　液体路径等效模型

4.2.3.1　基于幂律非牛顿流体理论的等效模型（模型Ⅰ）

如图 4-7 所示，液体腔室内建立液体路径坐标系，相关尺寸和材料参数列于表 4-2。假设流经隔振器环形孔的硅油介质是不可压缩的，根据流体力学基本理论，当采用力平衡条件时，可以得到偏微分方程[186]：

$$\rho \frac{\partial u}{\partial t} = \frac{\partial \tau}{\partial z} - \frac{\partial p}{\partial x} \tag{4-5}$$

式中，u 为环形孔口内的液体速度；ρ 为液体密度；τ 为剪应力；$\frac{\partial p}{\partial x}$ 为沿垂直方向的水压梯度。

由于阻尼板的厚度有限，因此环形孔口周围的压力分布在 z 方向上被认为是线性的，于是，压力分布可近似表示为：

$$\frac{\partial p}{\partial x} = \frac{\Delta p}{l} \tag{4-6}$$

式中，Δp 是两个腔室之间的压力差。

忽略流体的惯性力，式（4-5）可以改写为：

$$\frac{\partial \tau}{\partial z} = \frac{\Delta p}{l} \tag{4-7}$$

根据参考文献［186］，阻尼板和金属钢杯之间具有相对运动，实际流速的剖面并不是以 $x=0$ 为轴对称的。然而，当孔口宽度小于阻尼板半径时，孔口内的最大流体速度会远大于阻尼板和钢杯之间的相对运动速度，因此，阻尼板和钢杯的运动对流速剖面的影响很小，可以假设孔口内的速度剖面相对于 $x=0$ 是轴对称的。这样，对式（4-7）两边进行积分得到：

$$\tau(z)=\frac{\Delta p}{l}z \tag{4-8}$$

将硅油视为非牛顿流体，剪切应力 τ 与剪切速率 $\dot{\gamma}=\frac{\mathrm{d}u}{\mathrm{d}z}$ 的关系可以表示为[187]：

$$\dot{\gamma}=\frac{\mathrm{d}u}{\mathrm{d}z}=\left(\frac{\tau}{\mu}\right)^{\frac{1}{n}} \tag{4-9}$$

式中，μ 为流体动力黏度；指数 $n<1$。

将式（4-8）代入式（4-9）并积分，可得：

$$u(z)=\int_{|z|}^{\frac{h}{2}}\left(\frac{\Delta p}{\mu l}\right)^{\frac{1}{n}}z^{\frac{1}{n}}\mathrm{d}z=\mathrm{sign}(\Delta p)\frac{n}{n+1}\left(\frac{|\Delta p|}{\mu l}\right)^{\frac{1}{n}}\left[\left(\frac{h}{2}\right)^{\frac{n+1}{n}}-|z|^{\frac{n+1}{n}}\right] \tag{4-10}$$

通过环形孔的流量 Q_g 为：

$$\begin{aligned}Q_g&=\int_{-\frac{h}{2}}^{\frac{h}{2}}2\pi\left(R+\frac{h}{2}+z\right)u(z)\mathrm{d}z\\&=\mathrm{sign}(\Delta p)\frac{2\pi n}{n+1}\left(\frac{|\Delta p|}{\mu l}\right)^{\frac{1}{n}}\int_{-\frac{h}{2}}^{\frac{h}{2}}\left(R+\frac{h}{2}+z\right)\left[\left(\frac{h}{2}\right)^{\frac{n+1}{n}}-|z|^{\frac{n+1}{n}}\right]\mathrm{d}z\\&=\mathrm{sign}(\Delta p)\frac{\pi n}{2n+1}\left(\frac{|\Delta p|}{2\mu l}\right)^{\frac{1}{n}}\left(R+\frac{h}{2}\right)h^{\frac{2n+1}{n}}\end{aligned} \tag{4-11}$$

设 $B_1=\mathrm{sign}(\Delta p)\frac{\pi n}{2n+1}\left(\frac{1}{2\mu l}\right)^{\frac{1}{n}}\left(R+\frac{h}{2}\right)h^{\frac{2n+1}{n}}$，则有 $Q_g=B_1|\Delta p|^{\frac{1}{n}}$。由于阻尼板厚度较小，因此引入损耗系数 K 以考虑环形孔入口几何形状的影响[188]，则

$$Q_g=\frac{B_1}{K}|\Delta p|^{\frac{1}{n}} \tag{4-12}$$

式中，参数取值为 $K=1.25$、$n=0.68$。

此外，当考虑硅油的可压缩性时，考虑到橡胶主簧内侧和外侧表面运动的差异，活塞在腔室 1（上腔室）运动所产生的体积流量为：

$$Q_1=\left(A_p-A_d-\frac{A_r}{2}\right)\dot{y}$$

式中，A_p 为阻尼板的横截面积，计算公式为 $A_p=\pi R^2$；A_d 为连杆的横截面积，计算公式为 $A_d=\pi R_d^2$；A_r 为腔室 1 中的等效橡胶活塞面积，计算公式为 $A_r=\pi(R+$

$h)^2 - R_d^2$。

那么，每个腔室的压力变化率为：

$$\frac{dp_1}{dt} = \frac{\left(A_p - A_d - \frac{A_r}{2}\right)\dot{y} - Q_g}{\left[(A_p - A_d)(L_1 - y) + \frac{A_r}{2}y\right]\beta} \tag{4-13a}$$

$$\frac{dp_2}{dt} = -\frac{A_p\dot{y} - Q_g}{A_p(L_2 + y)\beta} \tag{4-13b}$$

式中，p_i（$i=1$，2）是第 i 室的压强；β 是流体的压缩率，本书中取 0.6/MPa。

在式（4-12）中，$\Delta p = p_1 - p_2$。将式（4-12）代入式（4-13a）和式（4-13b）中，即可采用四阶 Runge-Kutta 算法计算出压力 p_i，从而，计算出液体部分产生的力为：

$$F_h = (A_p - A_d)p_1 - A_p p_2 \tag{4-14}$$

之后，根据式（4-1）计算耦联隔振器产生的力，将仿真计算结果和实验测得的滞后环进行对比，如图 4-12 所示。仿真结果显示隔振器产生的力具有不对称性（回弹力大于压缩力），尤其是在较高频率下。然而，虽然隔振器液体部分的内部结构是不对称的，但在谐波激励下，测试结果并没有明显表现出压缩和回弹的不对称特性。由此可见，模型Ⅰ虽然可以较好地描述隔振器在较低频率下的行为，但却无法描述隔振器在较高频率下的行为。

4.2.3.2　基于经典 Maxwell 本构关系的等效模型（模型Ⅱ）

将硅油视为黏弹性材料，采用经典 Maxwell 模型来描述剪切应力 τ 和应变率 $\dot{\gamma} = \frac{du}{dz}$ 之间的关系，则有：

$$\tau + \lambda\frac{\partial\tau}{\partial t} = \mu\frac{\partial u}{\partial z} \tag{4-15}$$

式中，λ 为流体的弛豫时间，本书将其设为 $\lambda = \frac{16.5}{\omega^{1.48}}$ s

将式（4-8）代入式（4-15），可以得到：

$$\frac{\Delta p}{l}z + \lambda\frac{z}{l}\frac{\partial\Delta p}{\partial t} = \mu\frac{\partial u}{\partial z} \tag{4-16}$$

该式可以改写为：

$$\frac{\partial u}{\partial z} = \frac{z}{\mu l}\Delta p + \lambda\frac{z}{\mu l}\frac{\partial\Delta p}{\partial t} \tag{4-17}$$

对其两边进行积分，得到：

$$u(z) = \int_{|z|}^{\frac{h}{2}}\left(\frac{\Delta p}{\mu l} + \frac{\lambda}{\mu l}\frac{\partial\Delta p}{\partial t}\right)z\mathrm{d}z = \frac{1}{2}\left(\frac{\Delta p}{\mu l} + \frac{\lambda}{\mu l}\frac{\mathrm{d}\Delta p}{\mathrm{d}t}\right)\left[\left(\frac{h}{2}\right)^2 - |z|^2\right] \tag{4-18}$$

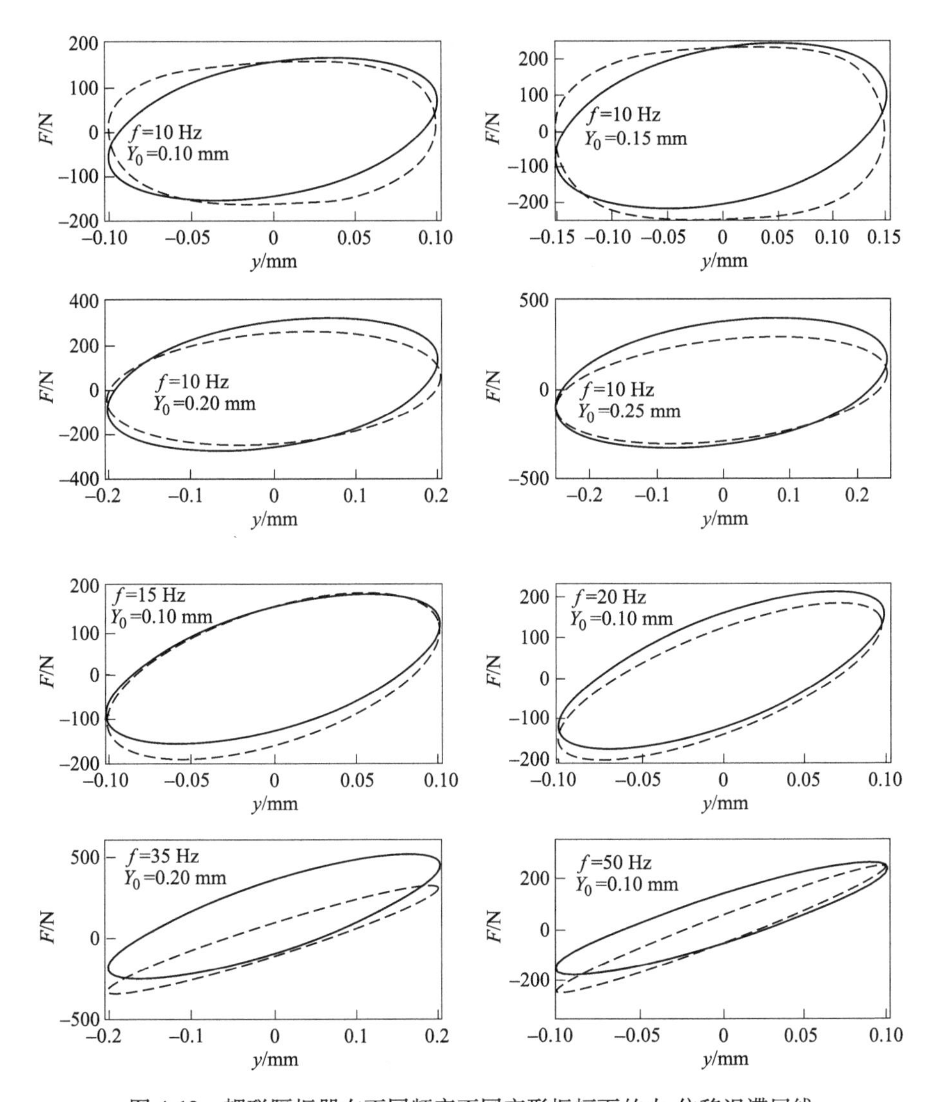

图 4-12 耦联隔振器在不同频率不同变形振幅下的力-位移迟滞回线结果对比（液体路径模型 I）

（---测试值；——仿真值）

由此可得通过环形孔的流量 Q_g 为：

$$Q_g = \int_{-\frac{h}{2}}^{\frac{h}{2}} 2\pi\left(R + \frac{h}{2} + z\right) u(z)\,\mathrm{d}z$$

$$= \pi\left(\frac{\Delta p}{\mu l} + \frac{\lambda}{\mu l}\frac{\mathrm{d}\Delta p}{\mathrm{d}t}\right)\int_{-\frac{h}{2}}^{\frac{h}{2}}\left(R + \frac{h}{2} + z\right)\left[\left(\frac{h}{2}\right)^2 - |z|^2\right]\mathrm{d}z$$

$$= \frac{\pi}{6}\left(\frac{\Delta p}{\mu l} + \frac{\lambda}{\mu l}\frac{\mathrm{d}\Delta p}{\mathrm{d}t}\right)\left(R + \frac{h}{2}\right)h^3$$

$$= B_2\left(\Delta p + \lambda\frac{\mathrm{d}\Delta p}{\mathrm{d}t}\right) \tag{4-19}$$

式中，$B_2 = \frac{\pi}{6}\frac{1}{\mu l}\left(R + \frac{h}{2}\right)h^3$。

利用式（4-13）和式（4-19）可以得出：

$$\frac{\mathrm{d}p_1}{\mathrm{d}t} = \frac{B_2\lambda(Q_1 - Q_2) - B_2C_2\Delta p + C_2Q_1}{D} \tag{4-20a}$$

$$\frac{\mathrm{d}p_2}{\mathrm{d}t} = \frac{B_2\lambda(Q_1 - Q_2) + B_2C_1\Delta p - C_1Q_2}{D} \tag{4-20b}$$

式中，$Q_1 = \left(A_\mathrm{p} - A_\mathrm{d} - \frac{A_\mathrm{r}}{2}\right)\dot{y}$，$Q_2 = A_\mathrm{p}\dot{y}$，$C_1 = \left[(A_\mathrm{p} - A_\mathrm{d})(L_1 - y) + \frac{A_\mathrm{r}}{2}y\right]\beta$，$C_2 = A_\mathrm{p}(L_2 + y)\beta$，$D = C_1C_2 + B_2\lambda C_2 + B_2\lambda C_1$。

与模型Ⅰ相同，压力 $p_i(i=1, 2)$ 可通过四阶 Runge-Kutta 算法计算。根据式（4-14）和式（4-1），计算耦联隔振器传递的力 F，仿真结果如图 4-13 所示。可以看到，与模型Ⅰ的仿真结果相比，模型Ⅱ能更好地模拟隔振器在 10～50 Hz 频率范围内的动力学行为，但是它低估了较低频率下的每周期阻尼能量损耗，此外，它也不能很好地捕捉到刚度随振幅变化的动态特性。

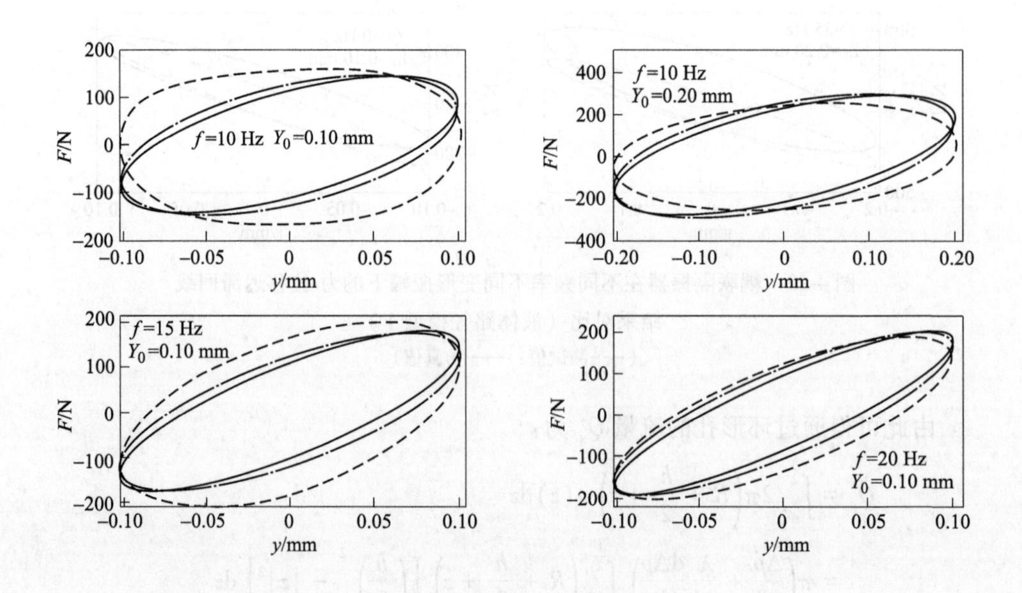

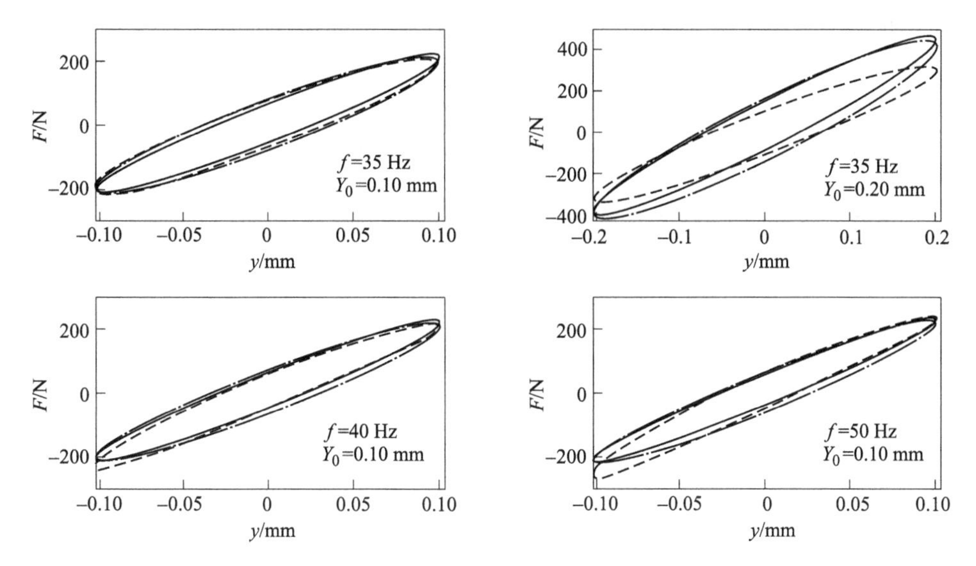

图 4-13 耦联隔振器在不同频率不同变形振幅下的力-位移迟滞回线结果对比（液体路径模型Ⅱ和Ⅲ）

（---测试值；——Maxwell 模型；—·—分数阶 Maxwell 模型）

4.2.3.3 基于分数阶导数 Maxwell 本构关系的等效模型（模型Ⅲ）

A 分数阶导数 Maxwell 模型

通常，分数阶导数 Maxwell 模型可以写为：

$$\tau + \lambda \frac{\mathrm{d}^{\alpha}\tau}{\mathrm{d}t^{\alpha}} = \mu \frac{\mathrm{d}^{\kappa}\tau}{\mathrm{d}t^{\kappa}} \tag{4-21}$$

式中，α 和 κ 是模型的分数阶参数，$0 < \alpha,\ \kappa \leqslant 1$。

当 $\alpha = \kappa = 1$ 时，模型式（4-21）即为式（4-15）给出的经典 Maxwell 模型。这种从整数扩展到非整数的方法使模型更加灵活[189]。

一个可靠地描述黏弹性现象的模型应该能够预测非负的内功和非负的能量耗散率[190]。Jia 等人[189]和 Friedrich[191]讨论了分数阶导数 Maxwell 模型的热力学限制条件，得出该模型只有在 $\kappa \geqslant \alpha$ 时才具有物理意义。Friedrich[191]通过模型式（4-21），确定了一类松弛和迟滞函数，结果表明，该模型仅在 $0 < \alpha \leqslant 1$ 且 $\kappa = 1$ 时才具有流体特性。通常，对于黏弹性流体，根据这一结论，采用分数阶导数 Maxwell 模型，可以推导得到流体流动的动量方程为 $\tau + \lambda \frac{\mathrm{d}^{\alpha}\tau}{\mathrm{d}t^{\alpha}} = \mu \frac{\mathrm{d}\gamma}{\mathrm{d}t}$[192-193]。不过，Koeller[194]求得了一种分数阶微积分 Maxwell 流体模型的蠕变和松弛函数，该模型采用分数阶微积分单元取代阻尼单元，对应力和应变具有相同的导数阶次。Jia 等人[189]采用不同于 Friedrich[191]和 Koeller[194]的方法计算了分数阶导数 Maxwell 模型的松弛模量、蠕变柔度和松弛函数，得出结论为，分数阶导数

Maxwell 模型只有在满足热力学限制条件的情况下，才能通过应力和应变的任意分数阶导数来描述黏弹性流体行为。

B 模型推导

本节中的相关分数阶微积分算子定义和运算法则见第 1. 3. 4 节。采用分数阶导数 Maxwell 模型描述硅油的动力学行为，并使用等式 $\frac{\mathrm{d}\gamma}{\mathrm{d}t}=\frac{\mathrm{d}u}{\mathrm{d}z}$，式（4-21）可以写为：

$$\tau+\lambda\frac{\mathrm{d}^{\alpha}\tau}{\mathrm{d}t^{\alpha}}=\mu\frac{\mathrm{d}^{\kappa-1}}{\mathrm{d}t^{\kappa-1}}\frac{\mathrm{d}u}{\mathrm{d}z} \tag{4-22}$$

将式（4-8）代入式（4-22），可得：

$$\frac{\Delta p}{l}z+\lambda\frac{z}{l}\frac{\mathrm{d}^{\alpha}\Delta p}{\mathrm{d}^{\alpha}t}=\mu\frac{\mathrm{d}^{\kappa-1}}{\mathrm{d}t^{\kappa-1}}\frac{\mathrm{d}u}{\mathrm{d}z} \tag{4-23}$$

该式可以进一步写成：

$$D_t^{\kappa-1}\frac{\mathrm{d}u}{\mathrm{d}z}=\frac{\Delta p(t)}{\mu l}z+\lambda\frac{z}{\mu l}D_t^{\alpha}\Delta p(t) \tag{4-24}$$

两边对 t 积分得到：

$$I_t^{\kappa-1}D_t^{\kappa-1}\frac{\mathrm{d}u}{\mathrm{d}z}=I_t^{\kappa-1}\left(\frac{\Delta p(t)}{\mu l}z\right)+I_t^{\kappa-1}\left(\lambda\frac{z}{\mu l}D_t^{\alpha}\Delta p(t)\right) \tag{4-25}$$

基于分数阶微积分运算法则，式（4-25）可以写为：

$$\frac{\mathrm{d}u}{\mathrm{d}z}=\frac{z}{\mu l}D_t^{\kappa-1}\Delta p(t)+\frac{\lambda z}{\mu l}D_t^{\alpha-\kappa+1}\Delta p(t) \tag{4-26}$$

u 对 z 积分可得到：

$$u(z)=\frac{1}{2\mu l}\left[D_t^{\kappa-1}\Delta p(t)+\lambda D_t^{\alpha-\kappa+1}\Delta p(t)\right]\left[\left(\frac{h}{2}\right)^2-|z|^2\right] \tag{4-27}$$

于是，计算通过环形孔的流量 Q_g 为：

$$\begin{aligned}Q_g&=\int_{-\frac{h}{2}}^{\frac{h}{2}}2\pi\left(R+\frac{h}{2}+z\right)u(z)\,\mathrm{d}z\\&=\frac{\pi}{6\mu l}\left[D_t^{1-\kappa}\Delta p(t)+\lambda D_t^{\alpha-\kappa+1}\Delta p(t)\right]\left(R+\frac{h}{2}\right)h^3\\&=B_2\left[D_t^{1-\kappa}\Delta p(t)+\lambda D_t^{\alpha-\kappa+1}\Delta p(t)\right]\end{aligned} \tag{4-28}$$

式中，$B_2=\frac{\pi}{6}\frac{1}{\mu l}\left(R+\frac{h}{2}\right)h^3$。

每个腔室压力的变化率为：

$$\frac{\mathrm{d}p_1}{\mathrm{d}t}=\frac{\left(A_p-A_d-\frac{A_r}{2}\right)\frac{\mathrm{d}y}{\mathrm{d}t}-Q_g}{\left[(A_p-A_d)(L_1-y)+\frac{A_r}{2}y\right]\beta} \tag{4-29a}$$

$$\frac{dp_2}{dt}=-\frac{A_p\frac{dy}{dt}-Q_g}{A_p(L_2+y)\beta} \tag{4-29b}$$

式中，β 为流体的可压缩率，取值为 0.6 /MPa。

令 $P_i(t,\ p_1,\ p_2)=\frac{dp_i}{dt}$，$Q_1=\left(A_p-A_d-\frac{A_r}{2}\right)\frac{dy}{dt}$，$Q_2=A_p\frac{dy}{dt}$，$C_1=\left[(A_p-A_d)(L_1-y)+\frac{A_r}{2}y\right]\beta$，$C_2=A_p(L_2+y)\beta$，将式（4-28）代入式（4-29）中，重新排列为：

$$P_1(t,p_1,p_2)=\frac{Q_1-B_2[D_t^{1-\kappa}\Delta p(t)+\lambda D_t^{\alpha-\kappa+1}\Delta p(t)]}{C_1} \tag{4-30a}$$

$$P_2(t,p_1,p_2)=-\frac{Q_2-B_2[D_t^{1-\kappa}\Delta p(t)+\lambda D_t^{\alpha-\kappa+1}\Delta p(t)]}{C_2} \tag{4-30b}$$

式中，$0<\alpha\leqslant\kappa\leqslant 1$。

在式（4-30）中，当 $\alpha=\kappa=1$ 时，模型转化为第 4.2.3.2 节所述的基于经典 Maxwell 本构关系的硅油路径模型。当 $0<\alpha<\kappa<1$ 时，右边的项 $D_t^{1-\kappa}\Delta p(t)$ 和 $D_t^{\alpha-\kappa+1}\Delta p(t)$ 为分数阶导数。

当 $\kappa=1$ 且 $0<\alpha<1$ 时，有：

$$P_1(t,p_1,p_2)=\frac{Q_1-B_2[\Delta p(t)+\lambda D_t^{\alpha}\Delta p(t)]}{C_1} \tag{4-31a}$$

$$P_2(t,p_1,p_2)=-\frac{Q_2-B_2[\Delta p(t)+\lambda D_t^{\alpha}\Delta p(t)]}{C_2} \tag{4-31b}$$

当 $0<\alpha=\kappa<1$ 时，有：

$$P_1(t,p_1,p_2)=\frac{Q_1-B_2\left[D_t^{1-\kappa}\Delta p(t)+\lambda\frac{d\Delta p}{dt}\right]}{C_1} \tag{4-32a}$$

$$P_2(t,p_1,p_2)=-\frac{Q_2-B_2\left[D_t^{1-\kappa}\Delta p(t)+\lambda\frac{d\Delta p}{dt}\right]}{C_2} \tag{4-32b}$$

它们被重新排列为：

$$P_1(t,p_1,p_2)=\frac{B_2\lambda(Q_1-Q_2)+C_2Q_1-C_2B_2D_t^{1-\kappa}\Delta p(t)}{W} \tag{4-33a}$$

$$P_2(t,p_1,p_2)=\frac{B_2\lambda(Q_1-Q_2)-C_1Q_2+C_1B_2D_t^{1-\kappa}\Delta p(t)}{W} \tag{4-33b}$$

式中，$W=B_2\lambda(C_1+C_2)+C_1C_2$。

C　时域求解

式（4-30）、式（4-31）和式（4-33）中的分数阶导数项 $D_t^{1-\kappa}(\Delta p)$、$D_t^{\alpha-\kappa+1}(\Delta p)$ 和 $D_t^{\alpha}(\Delta p)$，可以使用 Grünwald-Letnikov 差分公式（1-8）进行时域求解，该公式具有内在的历史依赖性。以 $D_t^{\alpha}(\Delta p)$ 为例，其离散形式表示为：

$$D_t^{\alpha}\Delta p(t_n) \approx \Delta t^{-\alpha}\sum_{j=0}^{n} g_j^{(\alpha)}\left[p_1(t_n - j\Delta t) - p_2(t_n - j\Delta t)\right] \tag{4-34}$$

式（4-29）是状态空间的一阶微分方程，可以采用四阶 Runge-Kutta 算法计算。求解式（4-30）、式（4-31）和式（4-33）中的压力 $\boldsymbol{p} = \{p_1, p_2\}^{\mathrm{T}}$ 时，需要将分数阶导数的离散项包含到四阶 Runge-Kutta 算法中。按照 Fredette 和 Singh[35] 的做法，修正后的四阶 Runge-Kutta 公式为：

$$\boldsymbol{p}(t_{n+1}) = \boldsymbol{p}(t_n) + \frac{h}{6}(\boldsymbol{K}_1 + 2\boldsymbol{K}_2 + 2\boldsymbol{K}_3 + \boldsymbol{K}_4) \tag{4-35}$$

$$\boldsymbol{K}_1 = \boldsymbol{P}(t_n, \boldsymbol{p}_1, \boldsymbol{p}_2, \cdots, \boldsymbol{p}_{n-1}, \boldsymbol{p}_n)$$

$$\boldsymbol{K}_2 = \boldsymbol{P}\left(t_n + \frac{h}{2}, \frac{\boldsymbol{p}_1 + \boldsymbol{p}_2}{2}, \cdots, \frac{\boldsymbol{p}_{n-j} + \boldsymbol{p}_{n+1-j}}{2}, \cdots, \frac{\boldsymbol{p}_{n-1} + \boldsymbol{p}_n}{2}, \boldsymbol{p}_n + h\frac{\boldsymbol{K}_1}{2}\right)$$

$$\boldsymbol{K}_3 = \boldsymbol{P}\left(t_n + \frac{h}{2}, \frac{\boldsymbol{p}_1 + \boldsymbol{p}_2}{2}, \cdots, \frac{\boldsymbol{p}_{n-j} + \boldsymbol{p}_{n+1-j}}{2}, \cdots, \frac{\boldsymbol{p}_{n-1} + \boldsymbol{p}_n}{2}, \boldsymbol{p}_n + h\frac{\boldsymbol{K}_2}{2}\right)$$

$$\boldsymbol{K}_4 = \boldsymbol{P}(t_n + h, \boldsymbol{p}_2, \boldsymbol{p}_3, \cdots, \boldsymbol{p}_n, \boldsymbol{p}_n + h\boldsymbol{K}_3)$$

式中，$h = \Delta t$。

按照以上方法计算出压力 $\boldsymbol{p}$ 后，根据式（4-14）和式（4-1）计算耦联隔振器的作用力 F。

D　结果分析

首先，分析参数 α 和 κ 对隔振器动态特性的影响，保持其中一个参数不变，改变另一个参数进行分析。由图 4-14 可知，参数 α 和 κ 对隔振器动态特性具有相反的影响。在 α 保持不变的情况下，κ 的增大会导致刚度和阻尼的增大；而在 κ 保持不变的情况下，α 的增大会导致刚度和阻尼的减小。此外，参数 α 的影响灵敏度更高。

接着，确定参数 α 和 κ 的取值。Makris 和 Constantinou[22-23] 提出了一种分数阶导数 Maxwell 模型来描述一种黏滞阻尼器，其介质为质量密度 930 $\mathrm{kg/m^3}$、黏度 1930 Pa · s 的硅凝胶。在分数阶导数 Maxwell 剪应力-应变模型中，参数 κ 取值为 1，参数 α 和 λ 通过振荡剪切流实验中的锥板方法获得[195]，取值为材料的存储和损失剪切模量的最小二乘拟合值，分别设置为 $\alpha = 0.565$ 和 $\lambda = 0.26\ (\mathrm{s})^{0.565}$。本书将参数 α、κ 和 λ 按照 Makris 和 Constantinou 的研究结果进行取值，即 $\alpha=0.565$，$\kappa=1$，$\lambda = 16.5/\omega$，在 10 Hz 时 λ 约等于 $0.26\ (\mathrm{s})^{0.565}$。

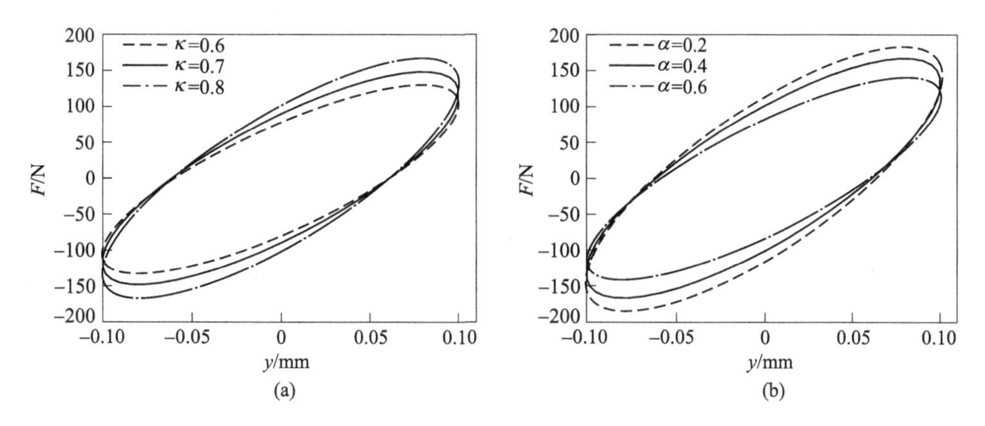

图 4-14 参数 α 和 κ 的取值对隔振器动态特性的影响

(a) 当 $\alpha=0.4$ 时，κ 取不同的值；(b) 当 $\kappa=0.8$ 时，α 取不同的值

由以上取值可知，将采用式（4-31）进行计算。事实上，多次尝试后发现，采用分数阶导数 Maxwell 模型描述硅油动力学行为时，在 $\kappa=1$ 且 $0<\alpha<1$ 时的仿真结果最为理想。图 4-13 所示为模型Ⅱ、Ⅲ的仿真结果和测试结果进行对比，可以看到，与模型Ⅱ经典 Maxwell 模型得到的力-位移迟滞回线相比，在较低频率下分数阶 Maxwell 模型的描述能力更强，在所研究的频率范围内显示出更好的结果。由于 Maxwell 模型只限于对频率相关特性进行描述，因此模型Ⅱ和Ⅲ均无法捕捉到振幅相关特性。

4.3 集总参数模型

4.3.1 基于模型Ⅰ和Ⅱ的稳态叠加模型[34,160]

虽然隔振器的液体路径结构是不对称的，但在谐波激励下，隔振器产生的力表现出几乎对称的特性。因此，在第 4.2.3.1 节的模型Ⅰ和第 4.2.3.2 节的模型Ⅱ两个液体路径模型启发下，基于非线性叠加模型，试图建立一个能在较宽频率范围内描述隔振器动态特性的对称集总参数模型。如图 4-15 所示，流体部分产生的力 F_h 与位移 y 的关系写为：

$$F_h = F_{hM} + F_{he} + F_{hd} \tag{4-36}$$

式中，F_{hM} 是基于 Maxwell 模型的力单元；F_{he} 是 Duffing 型弹性力单元；F_{hd} 是非线性幂率阻尼力单元。

其中，$\dot{F}_{hM}(t)=k_{hM}\dot{y}(t)-\dfrac{k_{hM}}{c_{hM}}F_{hM}(t)$，刚度和阻尼参数具有关系式 $\dfrac{C_{hM}}{k_{hM}}=\lambda$；根据模型Ⅱ，$k_{hM}$ 和 c_{hM} 分别取 $k_{hM}=\dfrac{\omega^{1.48}}{12}$ N/mm、$c_{hM}=\dfrac{16.5}{12}$ N · s/mm 。Duffing 型

弹性力写为 $F_{he}(t)=k_{h1}y(t)+k_{h3}y^3(t)$，用来描述隔振器软弹簧特性，式中，$k_{h1}$ 和 k_{h3} 分别为线性和非线性刚度系数。根据模型Ⅰ，引入非线性阻尼力 $F_{hd}(t)=c_{hd}\left|\dot{y}(t)\right|^{0.68}\text{sign}(\dot{y}(t))$，式中，$c_{hd}$ 为非线性阻尼系数。这些刚度和阻尼系数的值分别取为 $k_{h1}=2.35\omega^{1.1}$ N/mm、$k_{h3}=-6600$ N/mm^3 和 $c_{hd}=\dfrac{5\times10^4}{\omega^2}$ N/(mm·s^{-1})$^{0.68}$。之后基于式（4-1）求解隔振器产生的力，如图 4-16 所示，将仿真结果与实验结果进行对比，可以看到，与第 4.2.3.1 节的模型Ⅰ和第 4.2.3.2 节的模型Ⅱ相比，该模型能更好地描述隔振器在较宽频率范围内的动力学行为。

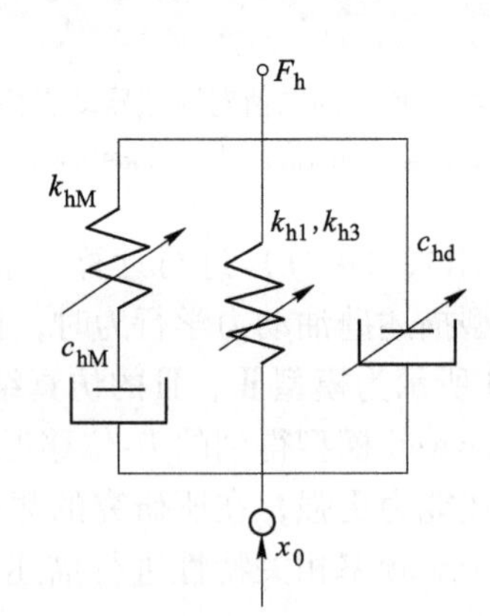

图 4-15　液体路径集总参数叠加模型

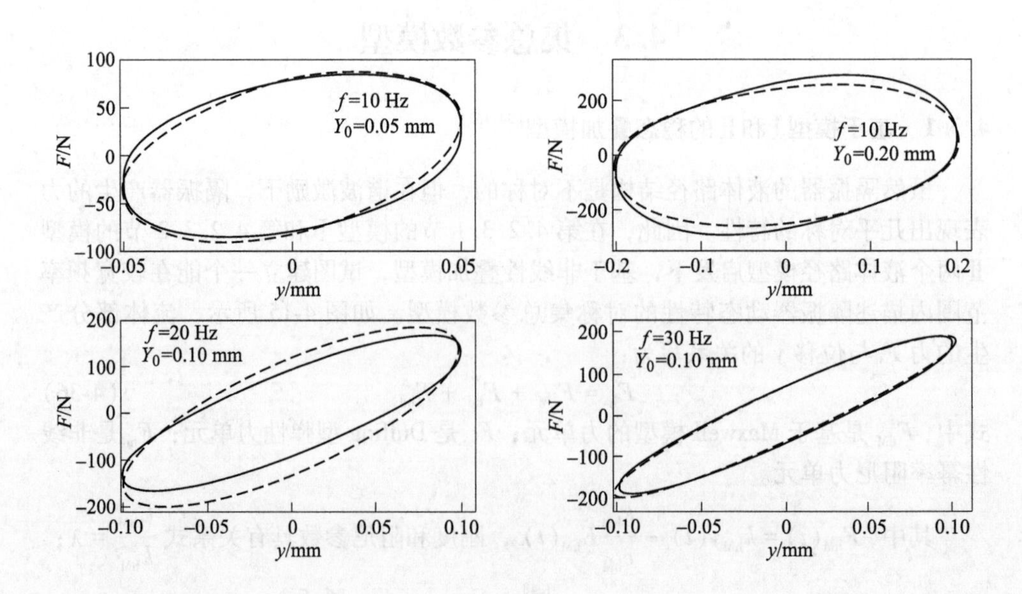

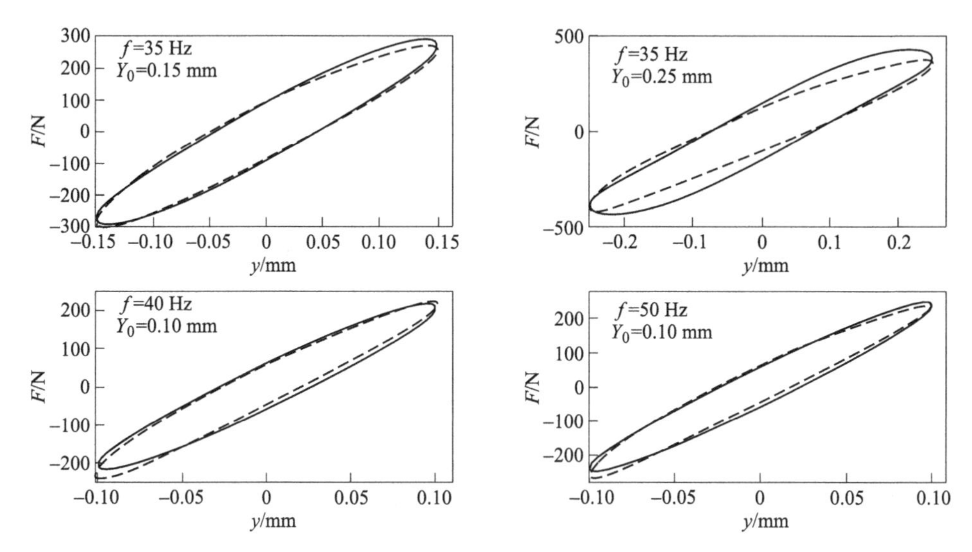

图 4-16 耦联隔振器在不同频率不同变形振幅下的力-位移迟滞回线结果对比（稳态叠加模型）
（---测试值；——仿真值）

4.3.2 基于分数阶微积分理论的稳态模型[34,160]

4.3.2.1 五参数模型

根据分数阶导数 Maxwell 应力-应变模型，Makris 和 Constantinou[22-23] 提出了一种分数阶导数力-位移集总参数模型，这是因为他们观察到阻尼器流体在垂直方向运动时主要受到剪切作用。对于书中所研究的耦联隔振器，在 Makris 和 Constantinou 的集总参数模型基础上引入弹性恢复力 k_0y，提出一个五参数模型来描述流体路径产生的力 F_h 与位移 y 之间的关系，表示为：

$$F_h + \lambda_0 D_t^{\alpha_0} F_h = k_0 y + C_0 D_t^{\kappa_0} y \tag{4-37}$$

式中，参数 λ_0和 α_0的取值与流体材料应力-应变关系中的对应参数值非常接近；$\kappa_0 = 1$；C_0 为零频阻尼系数。

五参数模型式（4-37）为分数阶 Zener 模型。Bagley 和 Torvik[190] 的研究表明，只有当 $\kappa_0 \geqslant \alpha_0$ 时，该模型才能满足热力学要求。当 $\alpha_0 = \kappa_0 = 1$ 时，该模型退化为经典 Zener 模型[32]。参数 λ_0和 C_0的计算方法为 $\lambda_0 = \dfrac{c}{k_1}$ 和 $C_0 = (k_0 + k_1)\lambda_0$，其中，$k_1$ 和 c 是 Maxwell 模型中的刚度和阻尼系数。在时域中求解时，分数阶导数项 $D_t^{\alpha_0} F_h$ 以离散形式表示为 $D_t^{\alpha_0} F_{h(n)} = \Delta t^{-\alpha_0} \sum_{j=0}^{n} g_j^{(\alpha_0)} F_{h(n-j)}$。另外，$y = Y_0 \sin(\omega t)$，并且 $D_t^{\kappa_0} y = Y_0\, \omega^{\kappa_0} \sin\left(\omega t + \dfrac{\kappa_0 \pi}{2}\right)$。于是：

当 $t=0$ 时，$F_{h(0)}=\dfrac{C_0Y_0\,\omega^{\kappa_0}\sin\dfrac{\kappa_0\pi}{2}}{1+\lambda_0\Delta t^{-\alpha_0}}$

当 $t=t_n=n\Delta t(n=1,2,\cdots)$ 时，$F_{h(n)}=\dfrac{k_0y_{(n)}+C_0Y_0\omega^{\kappa_0}\sin\left(\omega t_n+\dfrac{\kappa_0\pi}{2}\right)-\lambda_0\Delta t^{-\alpha_0}\sum\limits_{j=1}^{n}g_j^{(\alpha_0)}F_{h(n-j)}}{1+\lambda_0\Delta t^{-\alpha_0}}$

模型式（4-37）中，相关参数分别设置为 $\lambda_0=16.5/\omega$、$\kappa_0=1$、$c=\dfrac{16.5}{12}$ N·s/mm、$\alpha_0=\mathrm{e}^{-32/\omega}$ 和 $k_0=2.55\omega$ N/mm。根据式（4-1）求解隔振器产生的力，如图 4-17 和图 4-18 所示，将仿真结果与测试结果进行对比，可以看到，当隔振器变形振幅 Y_0 固定为 0.10 mm 时，五参数模型可以较好地描述隔振器的频率相关特性。此外，由于液体路径的影响，隔振器也呈现出振幅依赖特性。然而，从图 4-18 的结果可以看到，五参数模型无法捕捉隔振器的振幅相关特性。

4.3.2.2 具有 Duffing 弹性力的分数阶导数集总参数模型

由于隔振器同时具有频率和振幅依赖特性，因此在五参数模型基础上，提出了另一种非线性叠加模型来建模流体部分产生的力 F_h：

$$F_h=F_{hM}+F_{he} \tag{4-38}$$

式中，F_{hM} 为分数阶导数 Maxwell 模型力单元，$F_{hM}+\lambda_1D_t^{\alpha_1}F_{hM}=c_1D_t^{\kappa_1}y$；$F_{he}$ 是 Duffing 型弹性力单元，$F_{he}(t)=k_{h1}y(t)+k_{h3}y^3(t)$。

该模型可进一步写成：

$$F_h+\lambda_1D_t^{\alpha_1}F_h=k_{h1}y+k_{h3}y^3+C_1D_t^{\kappa_1}y+C_3D_t^{\kappa_1}(y)^3 \tag{4-39}$$

式中，$\lambda_1=\dfrac{c_1}{k_1}$，$C_1=\lambda_1(k_1+k_{h1})$，其中，$k_1$ 是 Maxwell 模型的刚度系数；$C_3=\lambda_1k_{h3}$。

参数 λ_1、α_1、k_1、k_{h1} 和 C_1 的取值均与五参数模型中的参数取值相同：$\lambda_1=\lambda_0$；$\alpha_1=\alpha_0$；$\kappa_1=\kappa_0$；$k_{h1}=k_0$；$c_1=c$。k_{h3} 取值为 -5000 N/mm^3。模型式（4-39）的求解过程与模型式（4-37）类似，可以得到：

当 $t=0$ 时，$F_{h(0)}=\dfrac{C_1D_t^{\kappa_1}y_{(0)}}{1+\lambda_1\Delta t^{-\alpha_1}}$

当 $t=t_n=n\Delta t(n=1,2,\cdots)$ 时，$F_{h(n)}=\dfrac{k_{h1}y_{(n)}+k_{h3}y_{(n)}^3+C_1D_t^{\kappa_1}y_{(n)}+C_3D_t^{\kappa_1}\left(y_{(n)}^3\right)-\lambda_1\Delta t^{-\alpha_1}\sum\limits_{j=1}^{n}g_j^{(\alpha_1)}F_{h(n-j)}}{1+\lambda_1\Delta t^{-\alpha_1}}$

根据式（4-1）求解隔振器产生的力，如图 4-17 所示，在变形振幅值为 0.10 mm 时，Duffing 型分数阶导数模型在一定程度上优于五参数模型；如图 4-18 所示，变形振幅在 0.10 mm 附近时，Duffing 型分数阶导数模型能够一定程度上

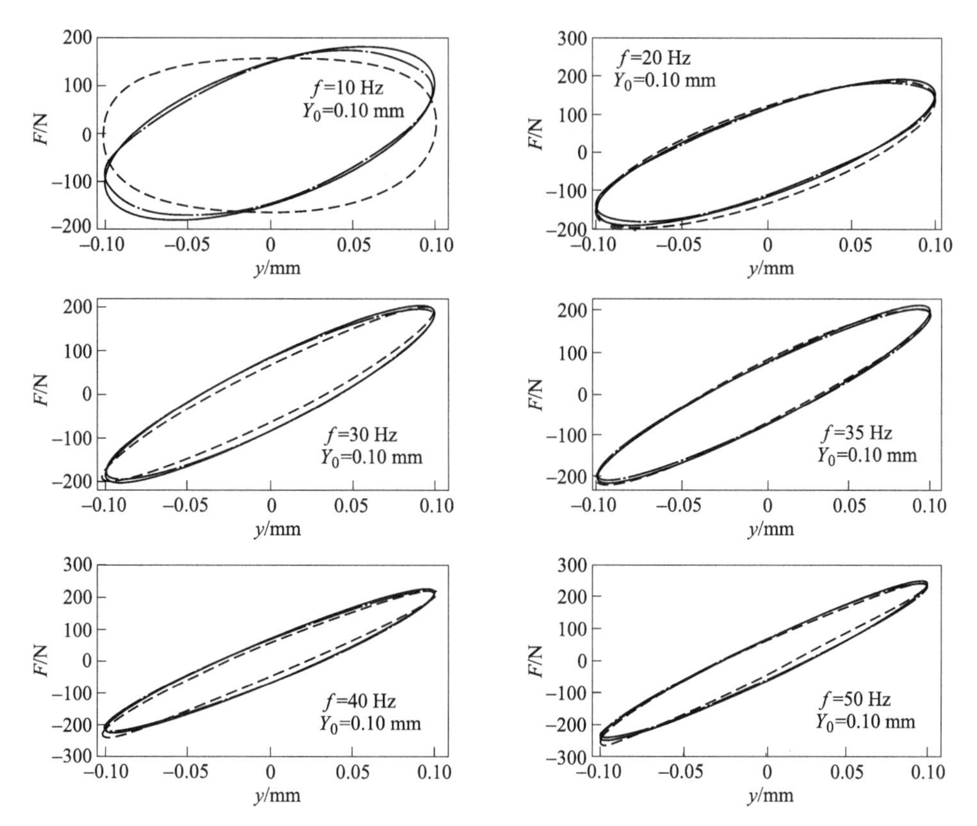

图 4-17 振幅 $Y_0=0.1$ mm 时耦联隔振器在不同频率下的力-位移迟滞回线结果对比（分数阶导数集总参数模型）

（---测试值；—— 五参数模型；-·-Duffing 模型）

描述隔振器的振幅依赖特性，但是随着变形振幅的增大，模型的有效性越来越差。因此，总体来看第 4.3.1 节给出的非线性叠加模型能够更好地建模耦联隔振器在频率范围 10~50 Hz 的动态特性。

4.3.3 分段非线性集总参数模型[177]

由第 3 章的实验研究可知，低频时硅油呈现出较强的黏性特性，耦联隔振器产生较大的阻尼，可以有效缓解被隔振体受到的冲击或大振幅振动，是实际工作中所需要的性质。此时，阻尼盘和橡胶底部之间间隙对阻尼力特性具有明显的影响，呈现出较强的非线性特性，即根据阻尼盘向上和向下运动（也就是隔振器拉伸和压缩两个阶段），阻尼力具有分段特性，阻尼盘在向上运动靠近橡胶底部过程中，会产生较大的液体阻尼力。本节对隔振器的数学模型做进一步讨论，以提出能够描述更低频动态特性的集总参数模型。

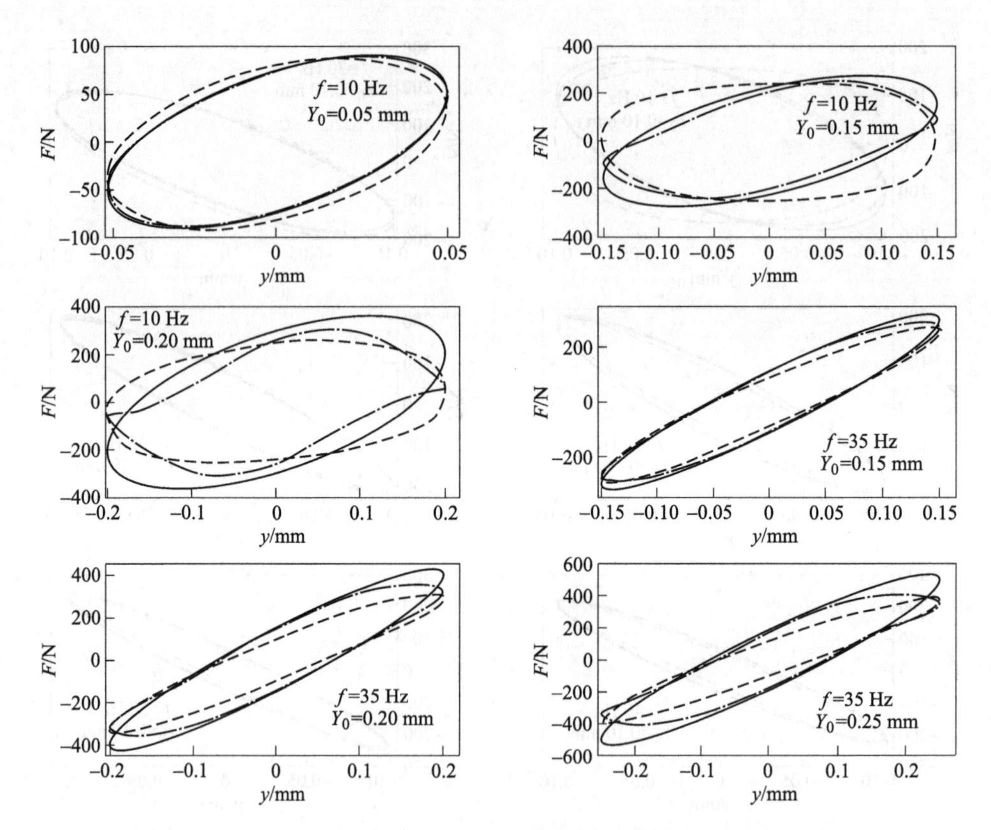

图 4-18 频率 f 为 10 Hz 和 35 Hz 时耦联隔振器在不同变形振幅下的力-位移迟滞回线结果对比（分数阶导数集总参数模型）

（---测试值；——五参数模型；—·—Duffing 模型）

建模时做如下假设：假设液体为黏性流体（不考虑硅油的弹性特性）；认为橡胶底部和阻尼盘之间的间隙不会闭合（即只对间隙打开的状态进行建模）。集总参数模型如图 4-19 所示。低频工况下，橡胶主簧动态特性近似线性，因此通过 Kelvin-Voigt 模型来建模；液体部分为了计算方便，忽略连接螺杆横截面积对上液室压力的影响，后面再通过调整阻尼系数对模型做一定的修正，从而，耦联隔振器产生的力可以写为：

$$F = k_r y + c_r \dot{y} + A_p \Delta p \tag{4-40}$$

式中，k_r和 c_r为橡胶主簧隔振器的刚度和阻尼系数；A_p 和 Δp 的计算方法见第 4.2.3.1 节。

液体部分产生的阻尼力根据阻尼盘的运动进行分段建模。考虑到环形间隙中液体流动时会同时出现层流和紊流，所以在阻尼盘向下运动时，液体在间隙内往复运动的阻尼力描述为：

$$\Delta P = c_a^{11}\dot{y}_a + c_a^{12}|\dot{y}_a|\dot{y}_a \tag{4-41}$$

式中，c_a^{11} 和 c_a^{12} 是与环形间隙几何结构和液体特性相关的正常数；$\dot{y}_a$ 是环形间隙中流体的平均流速。

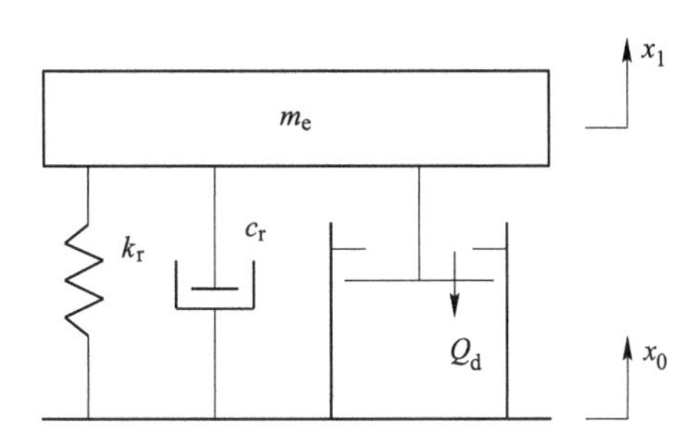

图 4-19 具有分段特性的耦联隔振器集总参数模型

当阻尼盘向上运动时，考虑阻尼盘和橡胶底部间隙的影响，引入一个三次方项[196]，则阻尼力的表达式可以写为：

$$\Delta P = c_a^{21}\dot{y}_a + c_a^{22}|\dot{y}_a|\dot{y}_a + \hat{c}_g\left(\frac{y}{\delta}\right)^2\dot{y}_a \tag{4-42}$$

式中，c_a^{21}、c_a^{22} 和 $\hat{c}_g$ 都是与隔振器液体腔室几何结构和液体特性相关的正常数；δ 是阻尼盘位于负振幅时与橡胶底部的间隙，$\delta=\delta_0+Y_0$，其中，δ_0 是隔振器位于平衡位置时阻尼盘和橡胶底部的间隙，Y_0是相对位移的振幅。

液体流经环形间隙的连续性方程可以写为：

$$A_c\dot{y} = A_a\dot{y}_a \tag{4-43}$$

式中，A_c 和 A_a 分别是液室横截面和环形间隙的有效面积。

使用式（4-43），将 $\dot{y}_a$ 替换为 $\dot{y}$，则式（4-41）和式（4-42）分别写为：

$$\Delta P = \bar{c}_f^{11}\dot{y} + \bar{c}_f^{12}|\dot{y}|\dot{y} \tag{4-44}$$

$$\Delta P = \bar{c}_f^{21}\dot{y} + \bar{c}_f^{22}|\dot{y}|\dot{y} + \bar{c}_g\left(\frac{y}{\delta}\right)^2\dot{y} \tag{4-45}$$

式中，$\bar{c}_f^{11}=c_a^{11}\dfrac{A_c}{A_a}$，$\bar{c}_f^{12}=c_a^{12}\left(\dfrac{A_c}{A_a}\right)^2$，$\bar{c}_f^{21}=c_a^{21}\dfrac{A_c}{A_a}$，$\bar{c}_f^{22}=c_a^{22}\left(\dfrac{A_c}{A_a}\right)^2$，$\bar{c}_g=\hat{c}_g\dfrac{A_c}{A_a}$。

则式（4-40）最终可以写为：

$$F = k_r y + c_r\dot{y} + \begin{cases} c_f^{11}\dot{y} + c_f^{12}|\dot{y}|\dot{y}, & \dot{y}<0 \\ c_f^{21}\dot{y} + c_f^{22}|\dot{y}|\dot{y} + c_g\left(\dfrac{y}{\delta}\right)^2\dot{y}, & \dot{y}\geqslant 0 \end{cases} \tag{4-46}$$

式中，$c_f^{11}=A_p\bar{c}_f^{11}$，$c_f^{12}=A_p\bar{c}_f^{12}$，$c_f^{21}=A_p\bar{c}_f^{21}$，$c_f^{22}=A_p\bar{c}_f^{22}$，$c_g=A_p\bar{c}_g$。

由式（4-46）可知，耦联隔振器的阻尼力具有根据相对速度分段的非线性特性。基于以上模型对第 3. 2. 2. 3 节中激励频率为 2 Hz、预载为 1300 N 的传递到机座上力的实验结果进行拟合。分析图 3-13 所示的力-位移滞后环，可以看到，由于硅油的弹性特性，阻尼盘分别向下和向上运动时，耦联隔振器的刚度也具有分段特性，而且刚度是在阻尼盘向下运动刚刚通过平衡位置时开始增大，因此为了能得到更好的拟合曲线，在式（4-46）的基础上，进一步对刚度分段，传递到机座上的作用力写为：

$$F_{\mathrm{T}}=\begin{cases}k_1y+c_{\mathrm{r}}\dot{y}+c_{\mathrm{f}}^{\mathrm{d1}}\dot{y}+c_{\mathrm{f}}^{\mathrm{d2}}|\dot{y}|\dot{y}, & y>0\text{ 且 }\dot{y}<0\\ k_2y+c_{\mathrm{r}}\dot{y}+c_{\mathrm{f}}^{\mathrm{d3}}\dot{y}+c_{\mathrm{f}}^{\mathrm{d4}}|\dot{y}|\dot{y}, & y\leqslant 0\text{ 且 }\dot{y}<0\\ k_2y+c_{\mathrm{r}}\dot{y}+c_{\mathrm{f}}^{21}\dot{y}+c_{\mathrm{f}}^{22}|\dot{y}|\dot{y}+c_{\mathrm{g}}\left(\dfrac{y}{\delta}\right)^2\dot{y}, & \dot{y}\geqslant 0\end{cases} \tag{4-47}$$

式中，k_1 和 k_2 是两个刚度系数，由橡胶和硅油共同引起；$c_{\mathrm{f}}^{\mathrm{d}i}$（$i=1, 2, 3, 4$）表示阻尼盘向下运动时的四个阻尼系数；其他参数的含义与式（4-46）中的相同。

由于第 3. 2 节的实验测试中隔振器一端固定、另一端为激励输入，因此隔振器变形位移为简谐波，设为 $y=Y_0\sin\left(4\pi t+\dfrac{1}{2}\pi\right)$。采用表 4-3 中所列的参数进行仿真计算，并与实验结果进行对比，如图 4-20 所示。可以看到，除了图中的 A 和 B 区域以外，仿真结果与实验结果能够较好地吻合。A 区域中仿真结果与实验结果相差较大的原因是，在实验中，阻尼盘向下运动通过平衡位置后，硅油受到较大的压力，其刚度会变得越来越大，与橡胶联合作用时比拟合中所设的刚度系数 2000 N/mm 还要大。而对于 B 区域，此时阻尼盘最接近主橡胶底部的位置，阻尼盘和橡胶底部之间的间隙非常小，间隙中硅油受到相当大的挤压，其刚度和阻尼都在进一步增加。

表 4-3　模型式（4-47）中的仿真参数值

参数	值	参数	值
Y_0 /mm	0. 2	$c_{\mathrm{f}}^{\mathrm{d3}}$ /N · s · mm^{-1}	15
k_1 /N · mm^{-1}	1300	$c_{\mathrm{f}}^{\mathrm{d4}}(\times 10^{-3})$/N · s^2 · mm^{-2}	3
k_2 /N · mm^{-1}	2000	c_{f}^{21} /N · s · mm^{-1}	30
c_{r} /N · s · mm^{-1}	3. 4	$c_{\mathrm{f}}^{22}(\times 10^{-3})$/N · s^2 · mm^{-2}	20
$c_{\mathrm{f}}^{\mathrm{d1}}$ /N · s · mm^{-1}	19	c_{g} /N · s · mm^{-1}	98
$c_{\mathrm{f}}^{\mathrm{d2}}(\times 10^{-3})$/N · s^2 · mm^{-2}	3	δ_0 /mm	1

整体来看，在适当考虑液体弹性特性前提下，以上建立的数学模型能够较好地反应隔振器中液体阻尼的动态特性。为了较好地描述阻尼盘向上运动时阻尼盘和主橡胶底部的间隙变小时隔振器阻尼力增大的特性，模型中采用了与位移相关的三次方阻尼项，这里对其做进一步讨论。图 4-20 中所示的仿真结果 2（虚线），

为式（4-47）中 $c_g=0$ 时的力-位移滞后环拟合曲线，从图中看到，两条仿真曲线的差别在于靠近实验曲线中 B 区域的地方，具有三次方阻尼项的仿真曲线值更大，比没有三次方阻尼的曲线更接近实验曲线，拟合的效果更好一些。

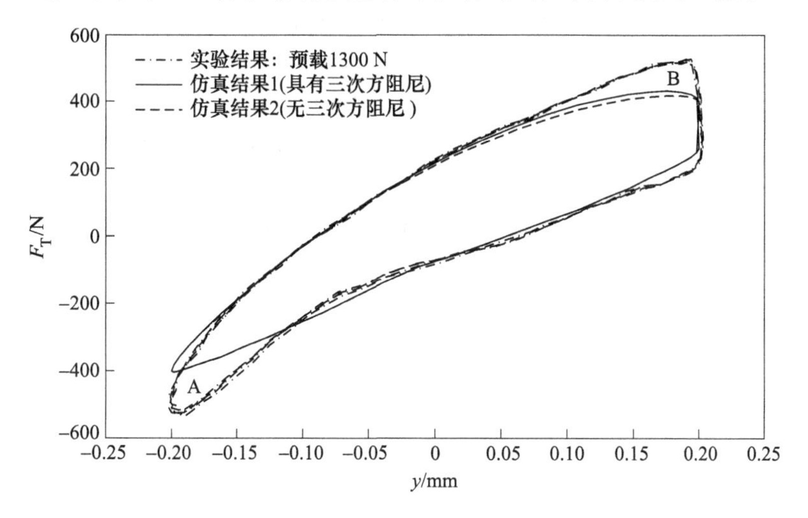

图 4-20 隔振器分段非线性模型仿真结果与实验结果对比

此外，从表 4-3 列出的仿真参数中各阻尼系数的取值来看，阻尼盘向上运动时（隔振器被拉伸阶段），液体的一次方阻尼系数 c_f^{21} 和二次方阻尼系数 c_f^{22} 均较大，比阻尼盘向下运动时（隔振器被压缩阶段）产生的阻尼力至少大一倍，而且液体的二次方阻尼特性更强，这应该与隔振器中阻尼盘上表面和主橡胶底部所形成的上腔室形状不规则［见图 3-1（b）］有关，液体受阻尼盘扰动向上流动时更加容易产生紊流。而阻尼盘向下运动时，液体的一次方阻尼系数更大，液体基本呈线性阻尼特性。

4.4 隔振器动刚度特性[6,197]

4.4.1 橡胶路径动刚度

根据第 4.2.2.2 节的橡胶路径等效模型 2，运用 Kelvin-Voigt 模型求解橡胶路径的动刚度参数并讨论其特性。对式（4-4）两边进行傅里叶变换，得到：

$$\tilde{F}_r(\omega)=(K_r'(\omega)+jK_r''(\omega))\tilde{y}(\omega) \tag{4-48}$$

式中，$K_r'=k_r$，$K_r''=\omega c_r$。

根据式（2-4）和式（2-5）可以计算得到损耗因子和动刚度幅值的仿真值。基于第 2.3.2 节的几何图法，根据第 3.3 节中对橡胶主簧实验获得的力-位移迟滞回线求各参数的测试值，仿真结果和实验结果如图 4-21 所示。

从图 4-21（a）、（b）可以看到，式（4-4）给出的橡胶路径模型，低频时略高估了动刚度幅值而低估了损耗因子；分析图 4-21（c）、（d）所示的结果可以得到，动刚度幅值和损耗因子仿真值和测试值在低频时的差异，主要是由于模型对存储刚度低频特性描述的差异带来的。但整体来看，尤其在 20～50 Hz 频率范围内，橡胶路径的实验结果与仿真结果具有较好的一致性，说明该 Kelvin-Voigt 模型能够较好地描述隔振器橡胶部分的动力学特性。

从图 4-21（a）的动刚度幅值来看，实验结果表明橡胶主簧的刚度特性趋于线性，$|K_r| \approx 1014$ N/m。从图 4-21（b）的损耗因子来看，实验结果表明橡胶主簧的阻尼随频率增大而减小，该橡胶主簧具有隔振系统需要的阻尼特性。

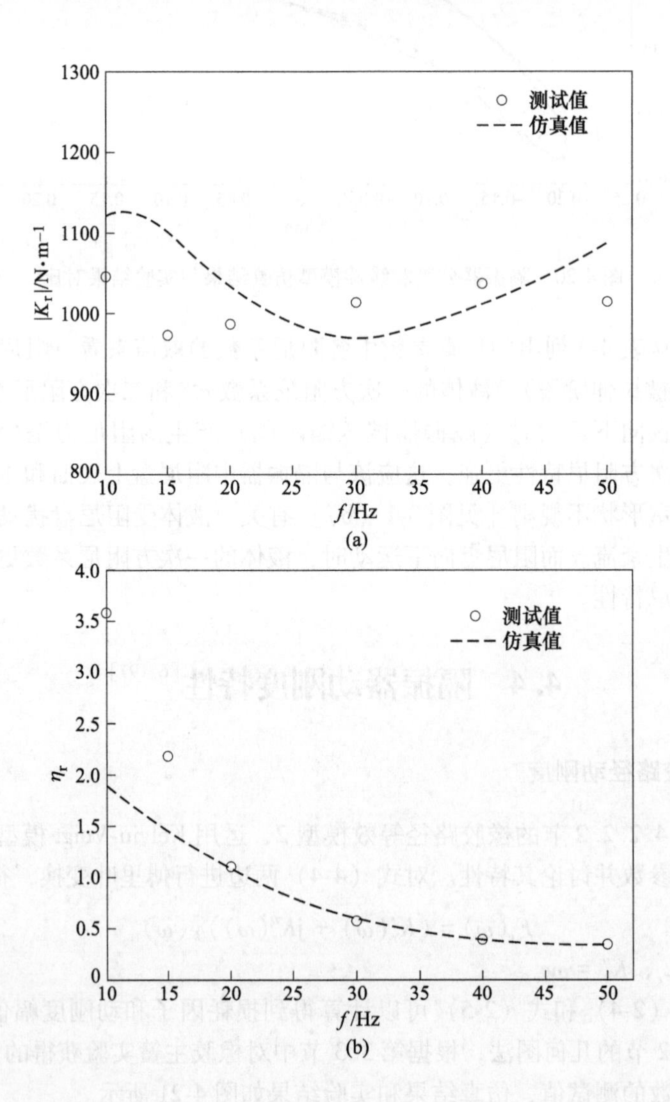

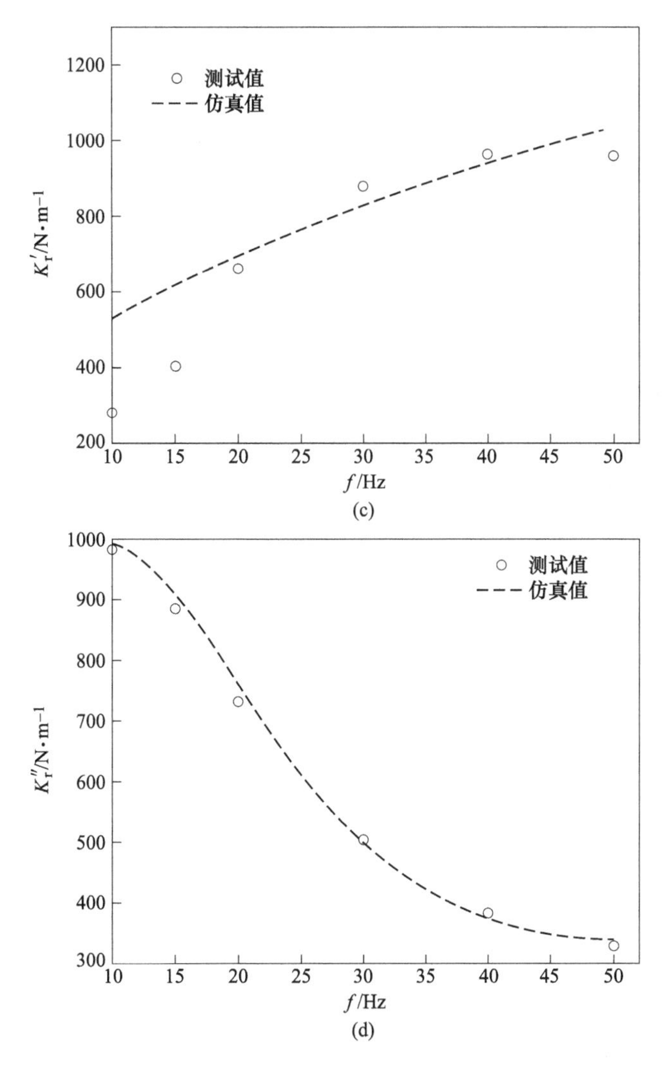

图 4-21　橡胶路径动刚度参数的仿真值与测试值对比

（a）动刚度幅值；（b）损耗因子；（c）存储刚度；（d）损耗刚度

4.4.2　硅油路径动刚度

本节分别采用 Maxwell 模型、Zener 模型、分数阶导数 Maxwell 模型以及分数阶导数 Zener 模型［式（4-37）所示的五参数模型］对硅油路径进行建模，计算动刚度参数。以下公式中，参数 λ 和 c 分别表示弛豫时间和零频阻尼系数，参数 k、k_1 和 k_2分别为弹簧单元的刚度系数。

4.4.2.1 Maxwell 模型和分数阶导数 Maxwell 模型

Maxwell 模型如图 1-8（d）所示，其本构方程和动刚度在表 1-1 中给出，其动刚度可以进一步写为：

$$\tilde{K}_{\mathrm{h}}(\omega)=\frac{c\lambda\omega^{2}}{1+\lambda^{2}\omega^{2}}+\mathrm{j}\frac{c\omega}{1+\lambda^{2}\omega^{2}} \tag{4-49}$$

式中，$\lambda=c/k$。

同时可得损耗因子为：

$$\eta_{\mathrm{h}}=\frac{1}{\lambda\omega} \tag{4-50}$$

分数阶导数 Maxwell 模型的表达式可以写为：

$$F_{\mathrm{h}}+\lambda D_{t}^{\alpha}F_{\mathrm{h}}=cD_{t}^{\kappa}y \tag{4-51}$$

式中，$0<\alpha,\ \kappa<1$。

通过傅里叶变换，得到其动刚度为：

$$\tilde{K}_{\mathrm{h}}=\frac{\tilde{F}_{\mathrm{h}}(\omega)}{\tilde{y}(\omega)}=\frac{c(\mathrm{j}\omega)^{\kappa}}{1+\lambda(\mathrm{j}\omega)^{\alpha}} \tag{4-52}$$

引入欧拉公式：

$$j^{a}=\cos\frac{a\pi}{2}+\mathrm{j}\sin\frac{a\pi}{2} \tag{4-53}$$

经计算可以得到其存储刚度、损耗刚度和损耗因子分别为[22]：

$$K_{\mathrm{h}}'=\frac{c\omega^{\kappa}\cos\dfrac{\kappa\pi}{2}\left(1+\lambda\omega^{\alpha}\cos\dfrac{\alpha\pi}{2}\right)+c\lambda\omega^{\kappa+\alpha}\sin\dfrac{\alpha\pi}{2}\sin\dfrac{\kappa\pi}{2}}{1+\lambda^{2}\omega^{2\alpha}+2\lambda\omega^{\alpha}\cos\dfrac{\alpha\pi}{2}} \tag{4-54}$$

$$K_{\mathrm{h}}''=\frac{c\omega^{\kappa}\sin\dfrac{\kappa\pi}{2}\left(1+\lambda\omega^{\alpha}\cos\dfrac{\alpha\pi}{2}\right)-c\lambda\omega^{\kappa+\alpha}\sin\dfrac{\alpha\pi}{2}\cos\dfrac{\kappa\pi}{2}}{1+\lambda^{2}\omega^{2\alpha}+2\lambda\omega^{\alpha}\cos\dfrac{\alpha\pi}{2}} \tag{4-55}$$

$$\eta_{\mathrm{h}}=\frac{c\omega^{\kappa}\sin\dfrac{\kappa\pi}{2}\left(1+\lambda\omega^{\alpha}\cos\dfrac{\alpha\pi}{2}\right)-c\lambda\omega^{\kappa+\alpha}\sin\dfrac{\alpha\pi}{2}\cos\dfrac{\kappa\pi}{2}}{c\omega^{\kappa}\cos\dfrac{\kappa\pi}{2}\left(1+\lambda\omega^{\alpha}\cos\dfrac{\alpha\pi}{2}\right)+c\lambda\omega^{\kappa+\alpha}\sin\dfrac{\alpha\pi}{2}\sin\dfrac{\kappa\pi}{2}} \tag{4-56}$$

4.4.2.2 Zener 模型和分数阶导数 Zener 模型

Zener 模型如图 1-8（e）所示，其本构方程为：

$$F_{\mathrm{h}}+\lambda\dot{F}_{\mathrm{h}}=k_{2}y+C_{0}\dot{y} \tag{4-57}$$

式中，$\lambda=c/k_{1}$，$C_{0}=(k_{1}+k_{2})\lambda$。

对式（4-57）两边进行傅里叶变换，可计算其动刚度、存储刚度、损耗刚度和损耗因子分别为：

$$\tilde{K}_{h}(\omega) = \frac{k_2 + jC_0\omega}{1 + j\lambda\omega} \tag{4-58}$$

$$K'_{h} = \frac{k_2 + C_0\lambda\omega^2}{1 + \lambda^2\omega^2} \tag{4-59}$$

$$K''_{h} = \frac{C_0\omega - k_2\lambda\omega}{1 + \lambda^2\omega^2} \tag{4-60}$$

$$\eta_{h} = \frac{C_0\omega - k_2\lambda\omega}{k_2 + C_0\lambda\omega^2} \tag{4-61}$$

分数阶导数 Zener 模型的本构方程表达为：

$$F_{h} + \lambda D_{t}^{\alpha}F_{h} = k_2 y + C_0 D_{t}^{\kappa} y \tag{4-62}$$

同样，通过两边傅里叶变换求得动刚度为：

$$\tilde{K}_{h} = \frac{k_2 + C_0\ (j\omega)^{\kappa}}{1 + \lambda(j\omega)^{\alpha}} \tag{4-63}$$

引入欧拉公式（4-53）进行计算，得到存储刚度、损耗刚度和损耗因子分别为：

$$K'_{h} = \frac{\left(k_2 + C_0\omega^{\kappa}\cos\frac{\kappa\pi}{2}\right)\left(1 + \lambda\omega^{\alpha}\cos\frac{\alpha\pi}{2}\right) + C_0\lambda\omega^{\kappa+\alpha}\sin\frac{\alpha\pi}{2}\sin\frac{\kappa\pi}{2}}{1 + \lambda^2\omega^{2\alpha} + 2\lambda\omega^{\alpha}\cos\frac{\alpha\pi}{2}} \tag{4-64}$$

$$K''_{h} = \frac{C_0\omega^{\kappa}\sin\frac{\kappa\pi}{2}\left(1 + \lambda\omega^{\alpha}\cos\frac{\alpha\pi}{2}\right) - \left(k_2 + C_0\omega^{\kappa}\cos\frac{\kappa\pi}{2}\right)\lambda\omega^{\alpha}\sin\frac{\alpha\pi}{2}}{1 + \lambda^2\omega^{2\alpha} + 2\lambda\omega^{\alpha}\cos\frac{\alpha\pi}{2}} \tag{4-65}$$

$$\eta_{h} = \frac{C_0\omega^{\kappa}\sin\frac{\kappa\pi}{2}\left(1 + \lambda\omega^{\alpha}\cos\frac{\alpha\pi}{2}\right) - \left(k_2 + C_0\omega^{\kappa}\cos\frac{\kappa\pi}{2}\right)\lambda\omega^{\alpha}\sin\frac{\alpha\pi}{2}}{\left(k_2 + C_0\omega^{\kappa}\cos\frac{\kappa\pi}{2}\right)\left(1 + \lambda\omega^{\alpha}\cos\frac{\alpha\pi}{2}\right) + C_0\lambda\omega^{\kappa+\alpha}\sin\frac{\alpha\pi}{2}\sin\frac{\kappa\pi}{2}} \tag{4-66}$$

4.4.3 耦联隔振器动刚度

根据定义，耦联隔振器的动刚度为：

$$\tilde{K} = \frac{\tilde{F}(\omega)}{\tilde{y}(\omega)} = \frac{\tilde{F}_{r}(\omega) + \tilde{F}_{h}(\omega)}{\tilde{y}(\omega)} = \tilde{K}_{r} + \tilde{K}_{h} = K' + jK'' \tag{4-67}$$

式中，$K' = K'_{r} + K'_{h}$，$K'' = K''_{r} + K''_{h}$。

则耦联隔振器的动刚度幅值和损耗因子分别为：

$$K = \sqrt{K'^2 + K''^2} \tag{4-68}$$

$$\eta = K''/K' \tag{4-69}$$

基于第4.3.1节和第4.3.2节的分析，橡胶路径只采用Kelvin-Voigt模型进行建模，硅油路径采用四种模型进行建模，因此耦联隔振器对应四种模型，分别用模型Ⅰ、模型Ⅱ、模型Ⅲ以及模型Ⅳ来表示，它们的动刚度表达式分别为：

模型Ⅰ

$$\tilde{K}_{\mathrm{I}} = k_{\mathrm{r}} + \frac{c\lambda\omega^2}{1 + \lambda^2\omega^2} + \mathrm{j}\left(\omega c_{\mathrm{r}} + \frac{c\omega}{1 + \lambda^2\omega^2}\right) \tag{4-70}$$

模型Ⅱ

$$\tilde{K}_{\mathrm{II}} = k_{\mathrm{r}} + \frac{c\omega^{\kappa}\cos\dfrac{\kappa\pi}{2}\left(1 + \lambda\omega^{\alpha}\cos\dfrac{\alpha\pi}{2}\right) + c\lambda\omega^{\kappa+\alpha}\sin\dfrac{\alpha\pi}{2}\sin\dfrac{\kappa\pi}{2}}{1 + \lambda^2\omega^{2\alpha} + 2\lambda\omega^{\alpha}\cos\dfrac{\alpha\pi}{2}} +$$
$$\mathrm{j}\left(\omega c_{\mathrm{r}} + \frac{c\omega^{\kappa}\sin\dfrac{\kappa\pi}{2}\left(1 + \lambda\omega^{\alpha}\cos\dfrac{\alpha\pi}{2}\right) - c\lambda\omega^{\kappa+\alpha}\sin\dfrac{\alpha\pi}{2}\cos\dfrac{\kappa\pi}{2}}{1 + \lambda^2\omega^{2\alpha} + 2\lambda\omega^{\alpha}\cos\dfrac{\alpha\pi}{2}}\right) \tag{4-71}$$

模型Ⅲ

$$\tilde{K}_{\mathrm{III}} = k_{\mathrm{r}} + \frac{k_2 + C_0\lambda\omega^2}{1 + \lambda^2\omega^2} + \mathrm{j}\left(\omega c_{\mathrm{r}} + \frac{C_0\omega - k_2\lambda\omega}{1 + \lambda^2\omega^2}\right) \tag{4-72}$$

模型Ⅳ

$$\tilde{K}_{\mathrm{IV}} = k_{\mathrm{r}} + \frac{\left(k_2 + C_0\omega^{\kappa}\cos\dfrac{\kappa\pi}{2}\right)\left(1 + \lambda\omega^{\alpha}\cos\dfrac{\alpha\pi}{2}\right) + C_0\lambda\omega^{\kappa+\alpha}\sin\dfrac{\alpha\pi}{2}\sin\dfrac{\kappa\pi}{2}}{1 + \lambda^2\omega^{2\alpha} + 2\lambda\omega^{\alpha}\cos\dfrac{\alpha\pi}{2}} +$$
$$\mathrm{j}\left(\omega c_{\mathrm{r}} + \frac{C_0\omega^{\kappa}\sin\dfrac{\kappa\pi}{2}\left(1 + \lambda\omega^{\alpha}\cos\dfrac{\alpha\pi}{2}\right) - \left(k_2 + C_0\omega^{\kappa}\cos\dfrac{\kappa\pi}{2}\right)\lambda\omega^{\alpha}\sin\dfrac{\alpha\pi}{2}}{1 + \lambda^2\omega^{2\alpha} + 2\lambda\omega^{\alpha}\cos\dfrac{\alpha\pi}{2}}\right) \tag{4-73}$$

基于第2.3.2节的几何图法，根据第3.3节中对耦联隔振器实验获得的力-位移迟滞回线求动刚度各参数的测试值。同时，根据第4.2节和第4.3节对硅油路径的建模研究，经过多次仿真尝试，确定的四种模型中的参数值见表4-4，其中，分数阶导数Zener模型的参数与第4.3.2.1节的五参数模型一致。仿真结果和实验结果如图4-22所示，可以看到，在10~50 Hz频率范围内的仿真结果中，经典Maxwell模型与实验结果的一致性较差；经典Zener模型的拟合效果也不理想；

分数阶导数 Maxwell 模型不能很好地拟合低频段的动刚度特性，尤其是对损耗刚度的拟合效果较差；四个模型中，分数阶导数 Zener 模型与实验结果的一致性最好。综合来看，两种分数阶导数模型比经典本构模型能够更好地描述硅油部分动态特性，而且分数阶导数 Zener 模型弥补了分数阶导数 Maxwell 模型刚度的不足，拟合效果更好。

表 4-4 四种模型中液体路径的参数取值

模型	α	κ	λ	$k_1(k)$	k_2
Ⅰ	1	1	$16.5/\omega^{1.48}$	$3.55\,\omega$	—
Ⅱ	$e^{-21/\omega}$	0.94	$16.5/\omega$	$4.24\,\omega$	—
Ⅲ	1	1	$16.5/\omega^{1.48}$	$\omega^{1.48/6}$	$4.5\,\omega$
Ⅳ	$e^{-32/\omega}$	1	$16.5/\omega$	$\omega/12$	$2.55\,\omega$

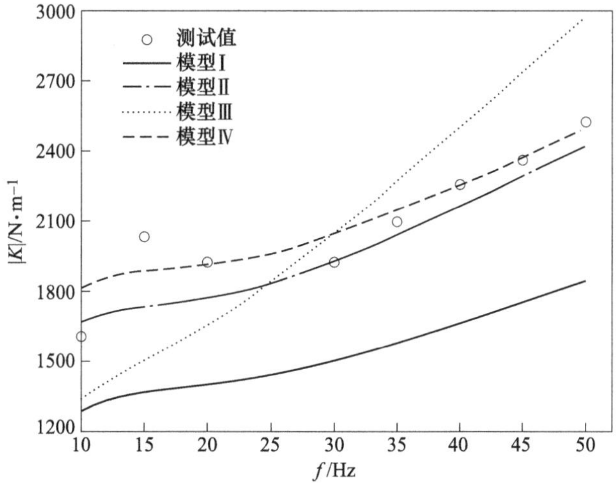

(a)

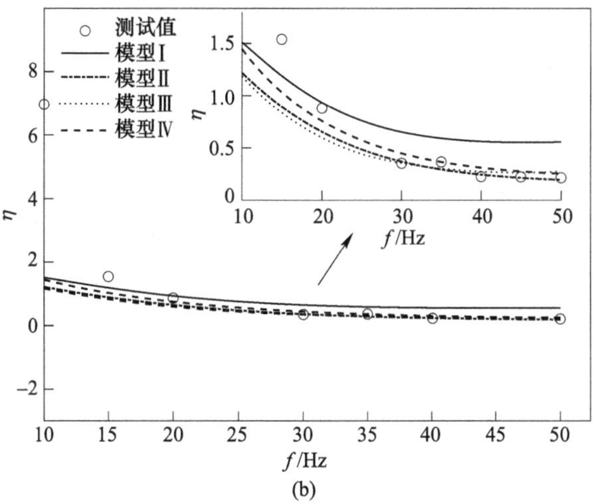

(b)

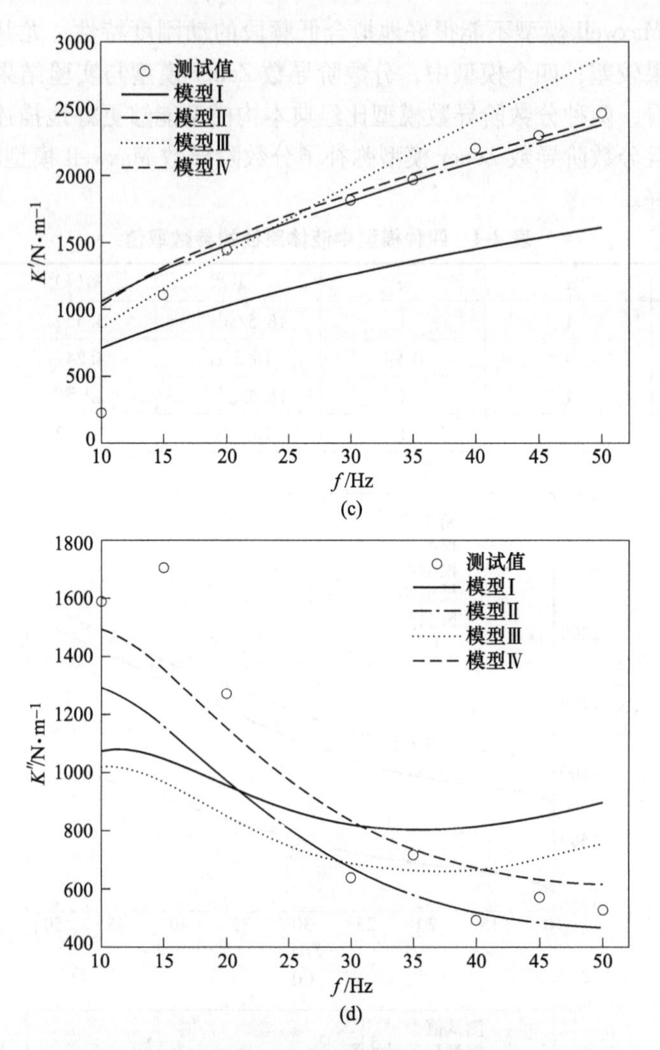

图 4-22　耦联隔振器动刚度参数的仿真值与测试值对比

（a）动刚度幅值；（b）损耗因子；（c）存储刚度；（d）损耗刚度

这里需要说明的是，由于隔振器硅油路径呈现出明显的非线性动态特性，因此基于几何图法得到的隔振器动刚度参数不够准确，只能够包含基频特性，会低估动刚度幅值。但是对比所计算的橡胶主簧和耦联隔振器的动刚度参数，可以对硅油-橡胶耦联隔振器的动态特性有进一步认识，从机理上解释第 3 章中获得的相关实验现象。从实验结果来看，由图 4-22（a）可知，在 10～50 Hz 频率范围内，耦联隔振器的动刚度幅值随着频率的增加而不断增大，但图 4-21（a）所示的橡胶主簧动刚度幅值基本保持常数；由图 4-22（b）可知，频率较低时，隔振器的损耗因子非常大，而频率在 20 Hz 以后，损耗因子变得越来越小；从图

4-21（b）可知，橡胶主簧的损耗因子也有随频率增大而减小的趋势，但是相比于耦联隔振器，10 Hz 时的损耗因子仍然较小。由此可得，耦联隔振器的硅油路径在低频时主要起阻尼作用，具有很好的抑制共振特性，但随着频率的增加，硅油显示出更多的刚度特性，这对隔振是不利的，因此，此类耦联隔振器适用于低频隔振降噪。

4.4.4 参数 α 和 κ 对耦联隔振器动刚度特性的影响

分数阶导数模型中的阶数 α 和 κ 对系统动态特性具有重要影响，第 4.2.3.3 节中分析了它们对力-位移迟滞回线动态特性的影响。本节中，在满足热力学条件前提下，以模型Ⅳ为例，分析参数 α 和 κ 对动刚度特性的影响。图 4-23 和图 4-24 所示为其他参数不变的情况下，参数 α 值或 κ 值变化时，动刚度幅值、损耗因子、存储刚度和损耗刚度的变化规律。可以得到以下结论：

（1）从图 4-23（a）和图 4-24（a）可以看出，动刚度幅值随频率的增加单调增加，且没有上限；参数 α 减小或者参数 κ 增加，动刚度幅值随之增加，而且 α 越小或 κ 越大，动刚度幅值增长越快。

（2）图 4-23（b）和图 4-24（b）所示为参数 α 和 κ 对损耗因子的影响。损耗因子随频率的增加先增大后减小，会有一个峰值存在。这是因为损耗因子的变化趋势是由损耗刚度的增长率和储存刚度的增长率决定的。当损耗刚度的增长速度高于存储刚度的增长速度时，损耗因子呈上升趋势，反之则损耗因子呈下降趋势。随着 α 的减小或 κ 的增大，最大值逐渐向右偏移，且越来越宽。损耗因子先增大达到最大值后再减小的过程，使分数阶导数 Zener 模型在一定程度上符合损耗因子与频率的实际关系，从而该模型广泛应用于较宽频率范围的模型仿真中。

（3）如图 4-23（c）和图 4-24（c）所示，存储刚度随频率的增加而增加。开始时它上升得快，然后变慢。由图 4-23（c）可以看到，当 $\alpha < 0.6$ 时，存储刚度随 α 的增大而增大；当 $\alpha > 0.6$ 时，存储刚度随 α 的增大而减小。由图 4-24（c）可以看到，存储刚度随着 κ 的增大而增大，但当 κ 接近 1 时，增加速率减慢。总之，α 和 κ 的取值影响着储存刚度随频率的变化速率。

（4）如图 4-23（d）所示，当频率小于 10 Hz 时，损耗刚度随频率增大而增大；当频率大于 10 Hz 且 α 在 0.6 左右时，损耗刚度随频率的变化趋于平稳。如图 4-24（d）所示，参数 α 不变而 κ 变化时，损耗刚度随频率变化的情况与之一致。另外，从图 4-23（d）可以看到，当 $\alpha < 0.6$ 时，损失刚度呈上升趋势；当 $\alpha > 0.6$ 时，损耗刚度在 10 Hz 以上频率段呈下降趋势。同时，由图 4-24（d）可知，参数 α 不变而 κ 变化时，损耗刚度的变化情况与之相反。

（5）从图 4-23 和图 4-24 还可以得到，参数 α 和 κ 的取值之间差距越大，它们对动刚度特性的影响就越显著。

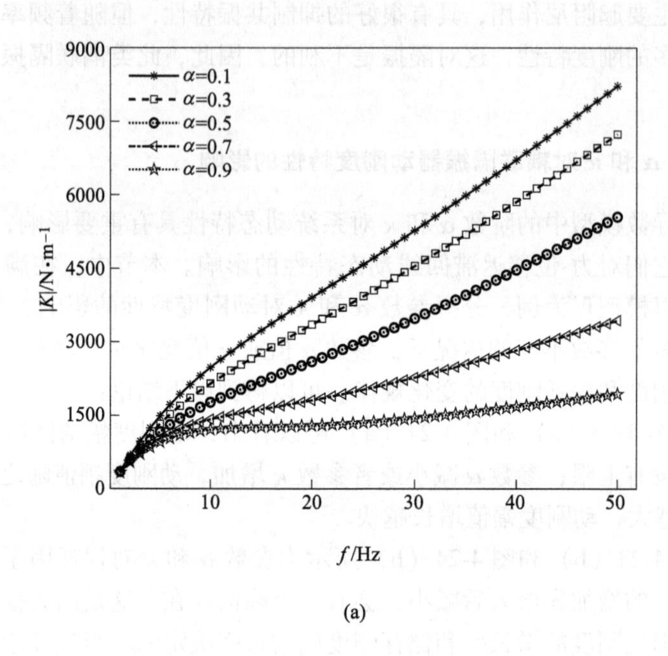
α=0.1
α=0.3
α=0.5
α=0.7
α=0.9
9000
7500
6000
4500
3000
1500
0
|K|/N·m⁻¹
10
20
30
40
50
f/Hz

(a)

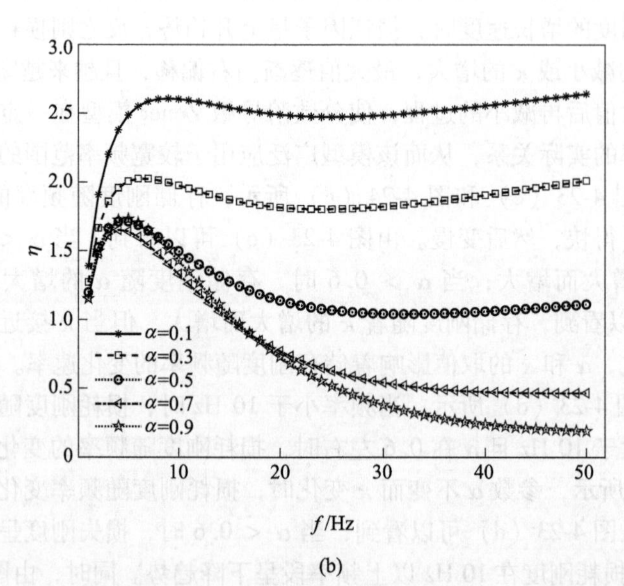
3.0
2.5
2.0
1.5
1.0
0.5
0
η
α=0.1
α=0.3
α=0.5
α=0.7
α=0.9
10
20
30
40
50
f/Hz

(b)

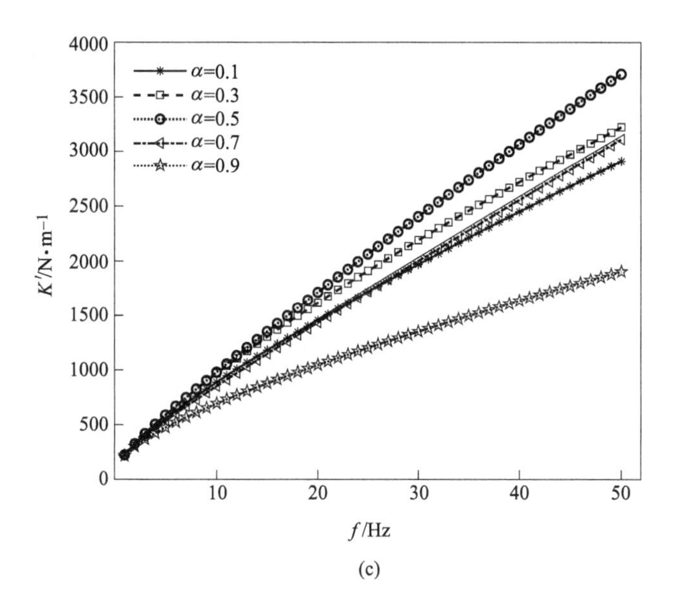

(c)

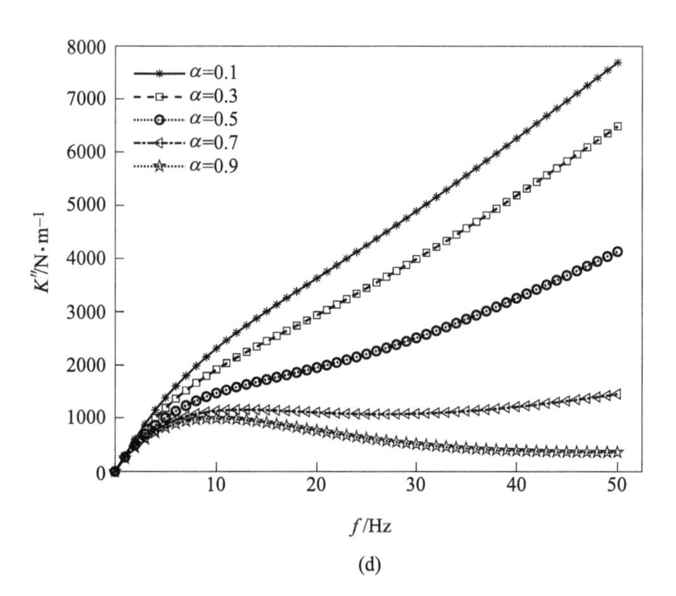

(d)

图 4-23 $\kappa=0.91$、α 取不同值时模型Ⅳ的动刚度参数变化规律

（a）动刚度幅值；（b）损耗因子；（c）存储刚度；（d）损耗刚度

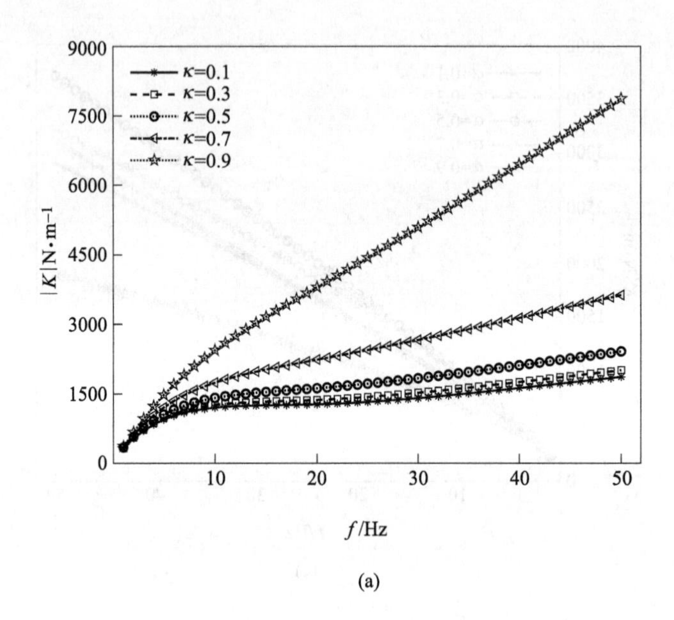
9000
7500
6000
4500
3000
1500
0
10
20
30
40
50
|K|N·m⁻¹
f/Hz
κ=0.1
κ=0.3
κ=0.5
κ=0.7
κ=0.9

(a)

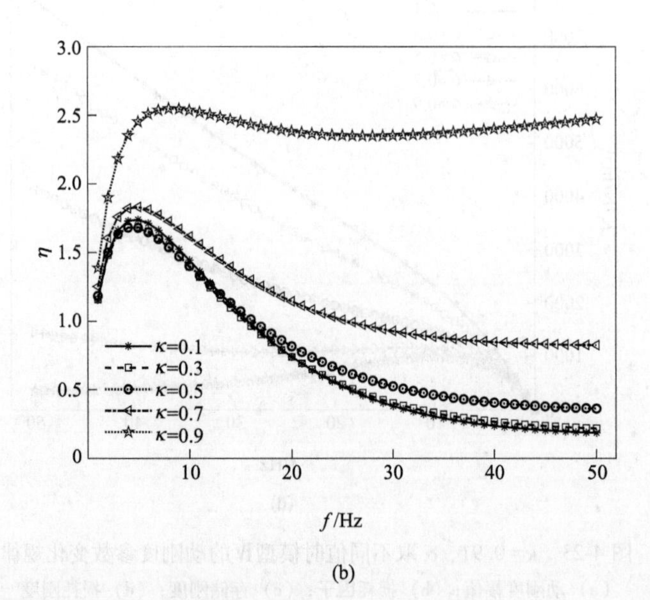
3.0
2.5
2.0
1.5
1.0
0.5
0
10
20
30
40
50
η
f/Hz
κ=0.1
κ=0.3
κ=0.5
κ=0.7
κ=0.9

(b)

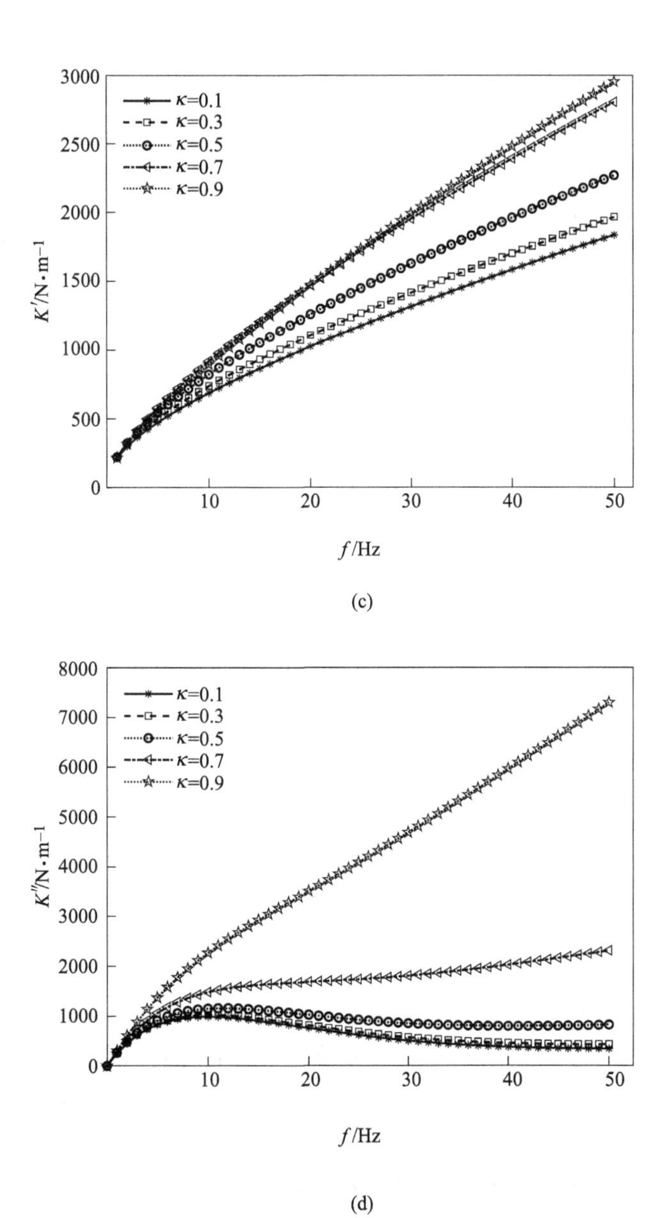

图 4-24 $\alpha=0.09$、κ 取不同值时模型Ⅳ的动刚度参数变化规律

（a）动刚度幅值；（b）损耗因子；（c）存储刚度；（d）损耗刚度

4.5 小　结

本章对硅油-橡胶耦联隔振器垂向低频动态特性的建模方法进行研究，分别采用了有限元建模方法、半解析建模方法和集总参数建模方法，之后根据黏弹性材料本构模型，研究了隔振器的低频动刚度特性。具体内容总结如下。

(1) 建立了二维 1/2 硅油-橡胶耦联隔振器有限元模型，通过流固耦合建模，模拟流体和固体之间力和变形的相互影响；并根据隔振器振动传递特性的标准实验方法的直接法，设置加载力和边界条件；仿真结果同时考察了液体部分的压强和流速，以及固体部分的应力等特性。

(2) 根据耦联隔振器的工作原理，通过隔振器传递到接受体上的力可以写为橡胶路径和硅油路径产生的力之和，两路径之间的耦合关系可以通过参数修正的方式来近似等效描述。

(3) 基于第 3 章的低频动态实验研究，建立隔振器低频动态特性半解析模型。橡胶路径呈现出低频线性特性，采用黏弹性本构方程建立集总参数模型，与实验结果对比发现，与频率相关的 Kelvin-Voigt 模型能良好地描述橡胶主簧的低频动力学行为。对液体路径，考虑了硅油的流体可压缩性和流变特性，基于流体力学理论采用 Navier-Stokes 方程进行建模，分别建立了基于幂律非牛顿流体理论的等效模型Ⅰ、基于 Maxwell 本构关系的等效模型Ⅱ和基于分数阶导数 Maxwell 本构关系的等效模型Ⅲ。模型Ⅰ能很好地描述隔振器较低频率下的动力学行为，但在较高频率下的建模效果不好；模型Ⅱ能较好地描述隔振器较高频率下的动力学行为，但低估了较低频率下每周期的能量损失；模型Ⅲ采用分数阶 Maxwell 模型描述硅油材料的动力学行为，与模型Ⅱ比较可以更好地描述隔振器在 10~50 Hz 频率范围内的频率依赖特性，但是模型Ⅱ和模型Ⅲ均无法描述振幅依赖特性。

(4) 在半解析模型基础上，发展了三种描述稳态动力学特性的集总参数模型：非线性叠加模型、五参数模型（分数阶 Zener 模型）和具有 Duffing 弹性力的分数阶导数模型。非线性叠加模型包含 Maxwell 模型单元、Duffing 弹性力单元和幂率阻尼力单元，该模型能够在频率 10~50 Hz、振幅 0.05~0.25 mm 范围内较好地描述隔振器动态特性，但是模型参数较多，计算较为复杂。五参数模型能够较好地描述隔振器的频率依赖特性，而具有 Duffing 弹性力的分数阶导数模型能在一定程度上捕捉隔振器的振幅依赖特性。

(5) 对隔振器在低频大振幅或者冲击激励时呈现出的阻尼分段特性进行建模，采用一次黏性和二次黏性混合阻尼描述液体阻尼特性，并引入一个位移和速度乘积的三次方项描述橡胶底部和阻尼盘之间间隙的影响；与实验结果比较，模型具有较好的拟合效果。分析模型参数可知，阻尼盘向上运动时，阻尼力会增加至少一倍，液体的二次方阻尼特性更强，说明液体受阻尼盘扰动向上运动时，更容易产生紊流，液体上腔室的设计在抑制低频大振幅振动和冲击时非常关键。

（6）依据橡胶路径的 Kelvin-Voigt 模型和硅油路径的五参数分数阶 Zener 模型，根据动刚度定义计算了隔振器的动刚度幅值、损耗因子、存储刚度和损耗刚度，同时作为对比，对硅油路径分别采用 Maxwell 模型、分数阶 Maxwell 模型和 Zener 模型进行建模。基于几何图法求解了动刚度相关参数的实验值，进一步分析了隔振器在 10~50 Hz 频率范围内的动态特性，从机理层面明确了实验样件的频率适用范围，为隔振器的优化设计奠定基础。

5 硅油-橡胶耦联隔振器应用于工程机械隔振的系统建模和工程测试

5.1 基于分数阶导数 Zener 模型的单自由度隔振系统响应特性分析[6,197]

5.1.1 隔振系统运动方程与力传递率求解

本节建立基础激励的单自由度隔振系统模型，隔振器模型采用第 4.2.2.2 节的橡胶路径模型 2 和第 4.3.2.1 节的液体路径五参数模型联立，如图 5-1 所示，系统运动方程写为：

$$m\ddot{y}(t) + k_r y(t) + c_r \dot{y}(t) + F_h(t) = F_s(t) \tag{5-1}$$

式中，m 是被隔振体质量；F_h 由式（4-62）给出；$F_s(t) = -m\ddot{x}_0(t)$，是谐波激振力；$y = x_1 - x_0$，x_0 是基础位移，x_1 是响应位移。

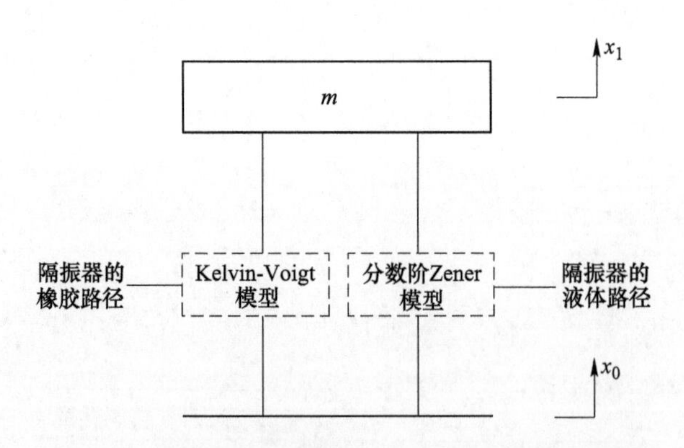

图 5-1 含硅油-橡胶耦联隔振器的单自由度隔振系统

定义 $c(\omega) = \dfrac{K_h''(\omega)}{\omega}$ 为液体部分的阻尼系数，则力 F_h 在时域内可表示为[22]：

$$F_h(t) = K_h'(\omega) y(t) + C(\omega)\dot{y}(t) \tag{5-2}$$

将式（5-2）代入式（5-1）中，等式两边进行傅里叶变换，得到：

$$\left\{1-\frac{\omega^2}{\omega_{r0}^2}+\frac{K_h'(\omega)}{k_r}+j\left[\frac{c_r\omega}{k_r}+\frac{K_h''(\omega)}{k_r}\right]\right\}\tilde{y}(\omega)=\frac{\tilde{F}_s(\omega)}{k_r} \tag{5-3}$$

式中，$K_h'(\omega)$ 和 $K_h''(\omega)$ 分别由式（4-64）和式（4-65）给出。

引入无量纲参数：$\rho=\dfrac{k_2}{k_r}$、$\upsilon=\omega_{r0}^{\alpha}\lambda$、固有频率 $\omega_{r0}=\sqrt{\dfrac{k_r}{m}}$、频率比 $\Omega=\omega/\omega_{r0}$、橡胶阻尼比 $\xi_r=\dfrac{c_r}{2m\omega_{r0}}$ 和硅油阻尼比 $\xi_h=\dfrac{c}{2m\omega_{r0}}$，则式（5-3）可改写为：

$$\left[1-\Omega^2+\frac{K_h'(\Omega)}{k_r}+j\left(2\xi_r\Omega+\frac{K_h''(\Omega)}{k_r}\right)\right]\tilde{y}(\Omega)=\frac{\tilde{F}_s(\Omega)}{k_r} \tag{5-4}$$

令 $\kappa=1$，根据式（5-4）求得频响函数为：

$$H(\Omega)=\frac{\tilde{y}(\Omega)}{\tilde{F}_s(\Omega)}=\left\{k_r\left[1-\Omega^2+\frac{K_h'(\Omega)}{k_r}+j\left(2\xi_r\Omega+\frac{K_h''(\Omega)}{k_r}\right)\right]\right\}^{-1} \tag{5-5}$$

令 $x_0(\tau)=X_0\sin\Omega\tau$，其中 X_0 为位移激励幅值，$\tau=\omega_{r0}t$，则可求得激励力为：

$$F_s(\tau)=-X_0\Omega^2\sin\Omega\tau=F_{s0}\sin\Omega\tau$$

于是，可以得到隔振系统的稳态位移响应为：

$$y(\tau)=\frac{F_{s0}}{k_r}D\sin(\Omega\tau-\psi) \tag{5-6}$$

式中，D 是动态放大系数；ψ 是相位角。

D 和 ψ 分别为：

$$D=\frac{1}{\sqrt{\left[1-\Omega^2+\dfrac{K_h'(\Omega)}{k_r}\right]^2+\left[2\xi_r\Omega+\dfrac{K_h''(\Omega)}{k_r}\right]^2}} \tag{5-7}$$

$$\psi=\tan^{-1}\frac{2\xi_r\Omega+\dfrac{K_h''(\Omega)}{k_r}}{1-\Omega^2+\dfrac{K_h'(\Omega)}{k_r}} \tag{5-8}$$

利用式（4-64）和式（4-65），并令 $c_1=\cos\dfrac{\alpha\pi}{2}$，$s_1=\sin\dfrac{\alpha\pi}{2}$，可以推导出：

$$\frac{K_h'(\Omega)}{k_r}=\frac{\rho(1+\upsilon\Omega^{\alpha}c_1)+2\Omega^{\alpha+1}\xi_h\upsilon s_1}{(1+\upsilon\Omega^{\alpha}c_1)^2+(\upsilon\Omega^{\alpha}s_1)^2} \tag{5-9}$$

$$\frac{K_h''(\Omega)}{k_r}=\frac{2\xi_h\Omega(1+\upsilon\Omega^\alpha c_1)-\rho\Omega^\alpha\upsilon s_1}{(1+\upsilon\Omega^\alpha c_1)^2+(\upsilon\Omega^\alpha s_1)^2} \tag{5-10}$$

将式（5-9）和式（5-10）代入式（5-7）和式（5-8）中，得到：

$$D=\left\{\frac{a^2+b^2}{[(1+\upsilon\Omega^\alpha c_1)^2+(\upsilon\Omega^\alpha s_1)^2]^2}\right\}^{-\frac{1}{2}} \tag{5-11}$$

式中，$a=(1-\Omega^2)[(1+\upsilon\Omega^\alpha c_1)^2+(\upsilon\Omega^\alpha s_1)^2]+\rho(1+\upsilon\Omega^\alpha c_1)+2\Omega^{\alpha+1}\xi_h\upsilon s_1$，$b=2\xi_r\Omega[(1+\upsilon\Omega^\alpha c_1)^2+(\upsilon\Omega^\alpha s_1)^2]+2\xi_h\Omega(1+\upsilon\Omega^\alpha c_1)-\rho\upsilon\Omega^\alpha s_1$。

$$\psi=\tan^{-1}\frac{2\xi_r\Omega[(1+\upsilon\Omega^\alpha c_1)^2+(\upsilon\Omega^\alpha s_1)^2]+2\xi_h\Omega(1+\upsilon\Omega^\alpha c_1)-\rho\upsilon\Omega^\alpha s_1}{(1-\Omega^2)[(1+\upsilon\Omega^\alpha c_1)^2+(\upsilon\Omega^\alpha s_1)^2]+\rho(1+\upsilon\Omega^\alpha c_1)+2\Omega^{\alpha+1}\xi_h\upsilon s_1} \tag{5-12}$$

同时，可以得到图 5-1 所示的隔振系统的力传递率为：

$$\frac{\tilde{F}(\Omega)}{\tilde{F}_s(\Omega)}=\frac{\tilde{F}_r(\Omega)+\tilde{F}_h(\Omega)}{\tilde{y}(\Omega)}H(\Omega)=(\tilde{K}_r(\Omega)+\tilde{K}_h(\Omega))H(\Omega) \tag{5-13}$$

式中，$\tilde{K}_r(\Omega)=1-\Omega^2+\mathrm{j}2\xi_r\Omega$，$\tilde{K}_h(\Omega)=K_h'(\Omega)+\mathrm{j}K_h''(\Omega)$。

将式（5-5）代入式（5-13），得到：

$$\frac{\tilde{F}(\Omega)}{\tilde{F}_s(\Omega)}=\frac{1+\Omega^\alpha\upsilon c_1-2\xi_r\Omega^{\alpha+1}\upsilon s_1+\rho+\mathrm{j}(\Omega^\alpha\upsilon s_1+2\xi_r\Omega+2\xi_r\Omega^{\alpha+1}\upsilon c_1+2\xi_h\Omega)}{1-\Omega^2+\Omega^\alpha\upsilon c_1(1-\Omega^2)-2\xi_r\Omega^{\alpha+1}\upsilon s_1+\rho+\mathrm{j}[\Omega^\alpha\upsilon s_1(1-\Omega^2)+2\xi_r\Omega+2\xi_r\Omega^{\alpha+1}\upsilon c_1+2\xi_h\Omega]} \tag{5-14}$$

从而，力传递率幅值 TR 为：

$$TR=\frac{(1+\Omega^\alpha\upsilon c_1-2\xi_r\Omega^{\alpha+1}\upsilon s_1+\rho)^2+(\Omega^\alpha\upsilon s_1+2\xi_r\Omega+2\xi_r\Omega^{\alpha+1}\upsilon c_1+2\xi_h\Omega)^2}{[1-\Omega^2+\Omega^\alpha\upsilon c_1(1-\Omega^2)-2\xi_r\Omega^{\alpha+1}\upsilon s_1+\rho]^2+[\Omega^\alpha\upsilon s_1(1-\Omega^2)+2\xi_r\Omega+2\xi_r\Omega^{\alpha+1}\upsilon c_1+2\xi_h\Omega]^2} \tag{5-15}$$

5.1.2　结果分析

在满足热力学限制条件的前提下，取 $\kappa=1$，分析阻尼比 ξ_r 和 ξ_h 以及分数阶导数参数 α 的取值对响应特性 D、ψ 和 TR 的影响。

图 5-2 给出了参数 ξ_r、ξ_h 和 α 对动态放大因子 D 的影响规律。由振动理论可知，阻尼比 ξ_r 和 ξ_h 主要影响共振区域的响应特性。保持 ξ_h 和 α 的取值不变，$\xi_h=0.4$，$\alpha=0.6$，随着 ξ_r 的增加，放大因子 D 的峰值减小，而且峰值没有太大的偏移，基本保持在 $\Omega>1$ 的某个值附近，这与对系统模型进行无量纲化的定义有关，频率比 Ω 的定义是基于橡胶路径固有频率 ω_{r0} 定义的。当 ξ_r 和 α 的取值保

持不变，$\xi_r=0.1$，$\alpha=0.6$，随着 ξ_h 的增大，放大因子峰值减小，同时峰值明显向右移动，峰值均出现在 $\Omega>1$ 处。放大因子的峰值出现在 $\Omega>1$ 的这一现象，是由于隔振器阻尼加强效应引起的[22]。当 ξ_r 和 ξ_h 固定，$\xi_r=0.1$，$\xi_h=0.4$，改变 α 取值时，随着 α 的减小，放大因子峰值减小，而且向左移动，最终出现在 $\Omega<1$ 处。

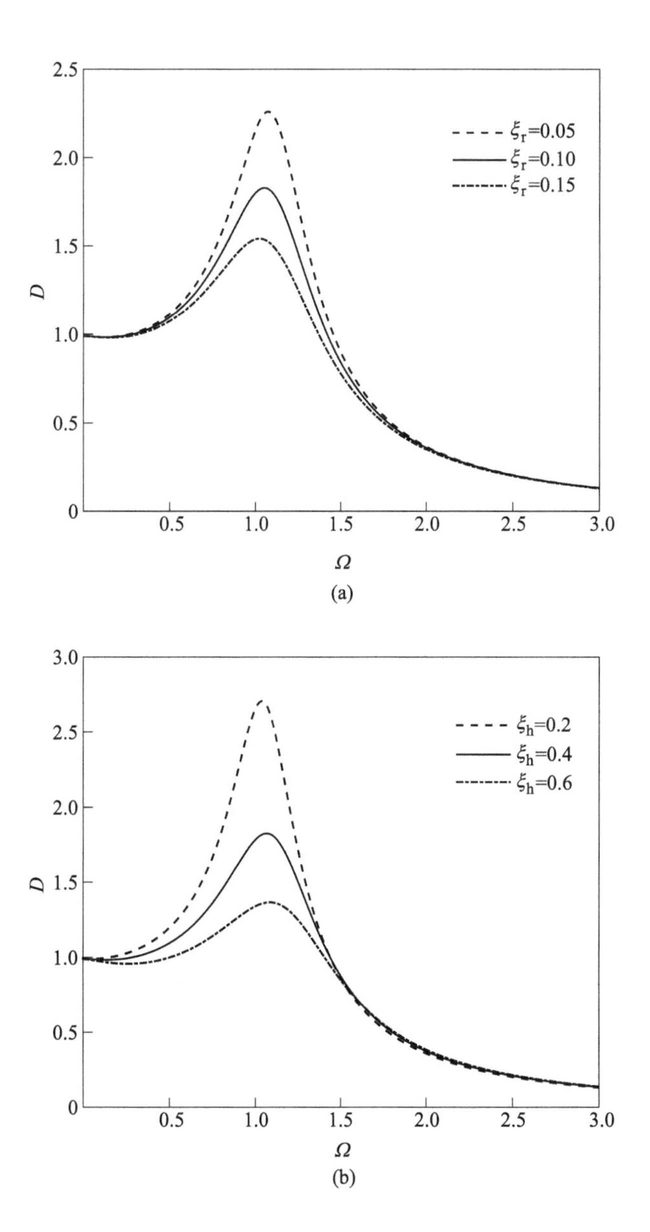

(a)

(b)

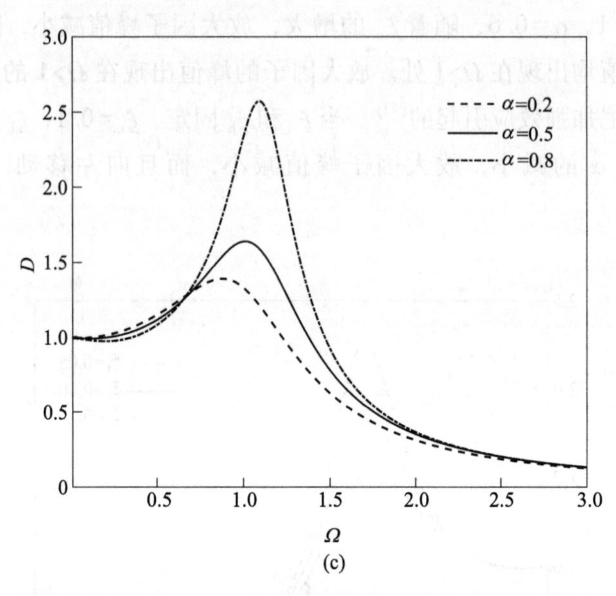

(c)

图 5-2　参数 ξ_r、ξ_h 和 α 对动态放大因子 D 的影响规律

(a) 阻尼比 ξ_r；(b) 阻尼比 ξ_h；(c) 分数阶导数阶次 α

图 5-3 给出了参数 ξ_r、ξ_h 和 α 对相位角 ψ 的影响规律。当 $\Omega \ll 1$，$\psi \approx 0$ 时，响应与激励同相；当 $\Omega \gg 1$，$\psi \approx \pi$ 时，响应与激励处于反相；随着频率的增加，响应的相位逐渐与激励的相位相反。图 5-3（a）中三个参数的取值同图 5-2（a），由图可知，当改变 ξ_r 的取值，相位角曲线在 $\Omega \approx 1$、$\psi \approx \pi/2$ 处有一个交叉点。图 5-3（b）中三个参数的取值同图 5-2（b），当改变 ξ_h 的取值，相

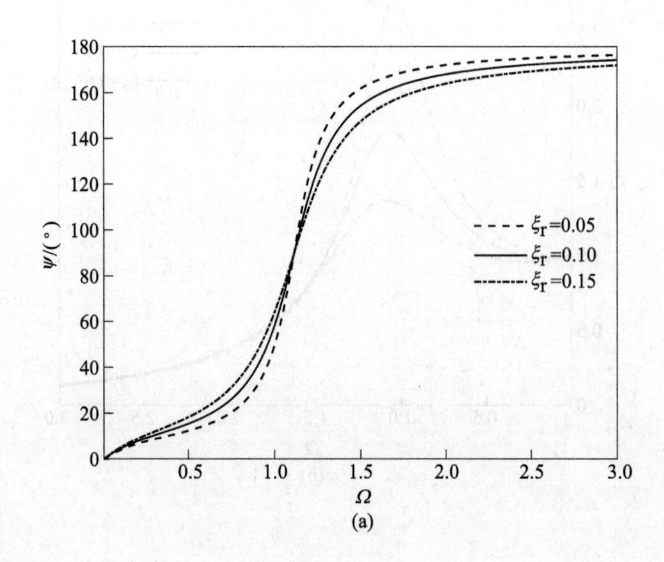

(a)

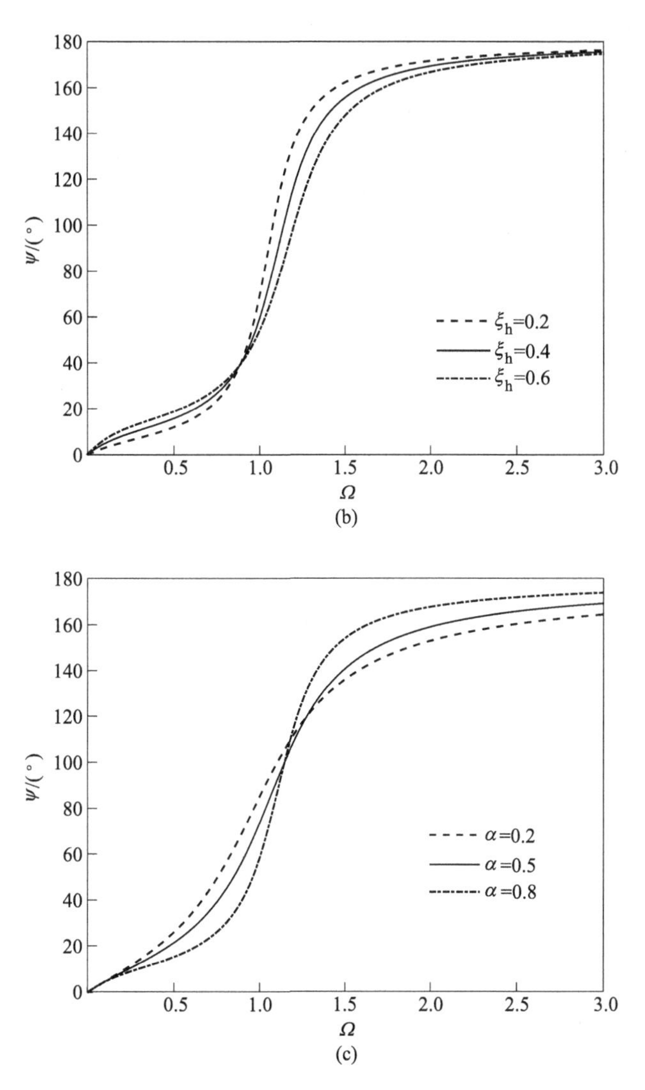

图 5-3 参数 ξ_r、ξ_h 和 α 对相位角 ψ 的影响规律

（a）阻尼比 ξ_r；（b）阻尼比 ξ_h；（c）分数阶导数阶次 α

位角曲线在 $\Omega\approx1$、$\psi\approx\frac{\alpha\pi}{2}$处有一个交点。当 ξ_r 和 ξ_h 较小时，相位角在共振区间变化更快。图 5-3（c）中三个参数的取值同图 5-2（c），从图可知，当两个阻尼比参数固定、α 变化时，在 $\Omega\approx1$ 处没有一个固定的值。α 取值越小，$\Omega=1$ 处相位角越大。α 越大，在共振附近响应的相位变化越快。这是由于从图 4-23 可知，α 越小时，隔振器的损耗因子越大，虽然动刚度幅值也随之增大，但是明显损耗因子增大得更多，因而系统阻尼越大，反之则正好相反。

图 5-4 给出了参数 ξ_r、ξ_h 和 α 对力传递率 TR 的影响规律。同样，图 5-4（a）~（c）中参数的取值依次与图 5-2（a）~（c）的参数取值相同。由图可知，当阻尼比 ξ_r 和 ξ_h 增大或者 α 减小时，TR 的峰值减小，即较大的 ξ_r 和 ξ_h 值和较小 α 的值有利于抑制共振；但是当 Ω 大于一定值时，增大 ξ_r 和 ξ_h 或者减小 α，TR 反而更大，会影响隔振效果；其中参数 α 对隔振性能的影响主要是源于其对隔振器动刚度特性的影响，如图 4-23 所示。如图 5-4（a）所示，在固定 ξ_h 和 α、改变 ξ_r 的情况下，Ω 的这个值是固定的，交于 A 点。然而，在图 5-4（b）、（c）所示的情况下，Ω 的这个值不是固定的，而是取决于系统参数。因此，在设计该隔振系统时，需要充分考虑橡胶路径、硅油路径的刚度和阻尼特性参数的取值。

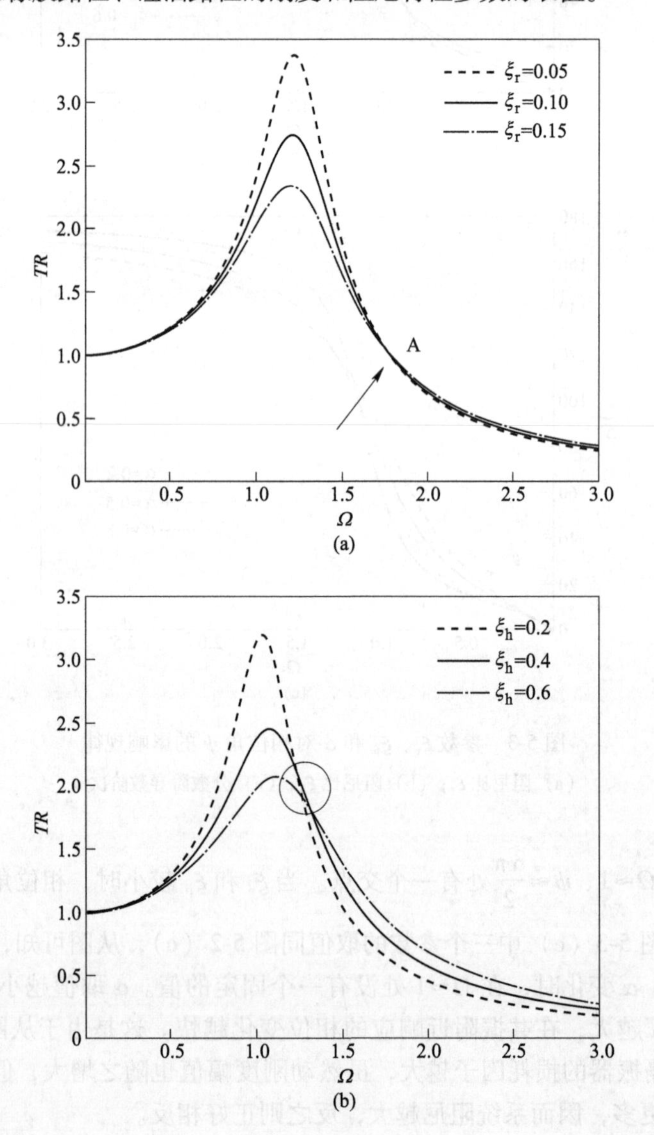

(a)

(b)

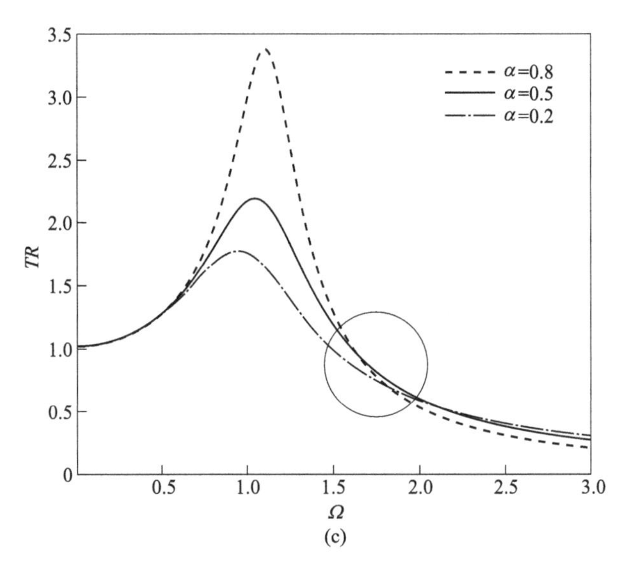

图 5-4 参数 ξ_r、ξ_h 和 α 对力传递率 TR 的影响规律

(a) 阻尼比 ξ_r；(b) 阻尼比 ξ_h；(c) 分数阶导数阶次 α

5.2 Duffing 型刚度隔振系统主共振特性分析与采用对称限位缓冲器的振动抑制[179]

由第 3.3.2.1 节的扫频实验可知，硅油具有非线性刚度特性，隔振器呈现出软弹簧特性。第 4.3 节的集总参数模型中采用 Duffing 型弹性力描述隔振器的软弹簧特性，仿真结果具有较好的拟合效果。Duffing 型弹性力是位移的三次方函数，众所周知，Duffing 振子模型可以描述很多实际物理现象，其具有分岔和混沌等非线性动力学特性。另外，道路工程车辆和非路面车辆通常在很差的路况上行驶，行驶速度低，主要受到低频大振幅激励，除了隔振器外，经常采用缓冲器对振动和冲击进行隔离。因此，本节建立如图 5-5 所示的单自由度非线性隔振系统模型，主悬架由 Duffing 弹性力和线性黏性阻尼构成，对称黏弹性限位缓冲器在共振区起作用，由于共振时间很短，因此对限位缓冲器进行线性假设是合理的。本节对系统主共振特性进行分析，并研究对称限位缓冲器对主共振的抑制作用。

5.2.1 隔振系统建模与摄动求解

如图 5-5 所示，该模型可用于描述具有对称限位缓冲器的驾驶室或座椅悬架系统，主悬架被充分调整到中间位置。被隔振质量为 m，系统的运动方程可以写为：

$$m\frac{\mathrm{d}^2\hat{x}_1}{\mathrm{d}t^2}+k_1\hat{y}+k_2\hat{y}^3+c_1\frac{\mathrm{d}\hat{y}}{\mathrm{d}t}+g\left(\hat{y},\ \frac{\mathrm{d}\hat{y}}{\mathrm{d}t}\right)=0 \tag{5-16}$$

式中，$\hat{y}=\hat{x}_1-\hat{x}_0$，$\hat{x}_0$ 为基础位移激励；$k_1>0$，k_1 和 k_2 分别为线性和非线性刚度系数；c_1 为线性阻尼系数；$\hat{x}_1$ 为绝对位移响应。

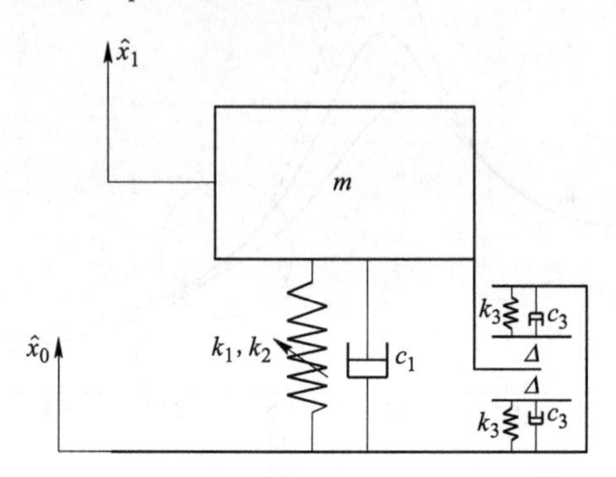

图 5-5　具有对称黏弹性限位缓冲器的 Duffing 型单自由度悬架系统模型

如果 $k_2>0$，则主悬架具有硬弹簧特性；如果 $k_2<0$，则主悬架具有软弹簧特性。对称限位器产生的力为：

$$g\left(\hat{y},\ \frac{\mathrm{d}\hat{y}}{\mathrm{d}t}\right)=\begin{cases}k_3(\hat{y}-\Delta)+c_3\dfrac{\mathrm{d}\hat{y}}{\mathrm{d}t}, & \hat{y}>\Delta\\ 0, & -\Delta\leqslant\hat{y}\leqslant\Delta\\ k_3(\hat{y}+\Delta)+c_3\dfrac{\mathrm{d}\hat{y}}{\mathrm{d}t}, & \hat{y}<-\Delta\end{cases} \tag{5-17}$$

式中，k_3 和 c_3 分别为限位器的刚度和阻尼系数；$\Delta(\Delta>0)$ 是主悬架的对称自由行程。

假设系统受到的运动激励为：$\hat{x}_0=u_0\cos(\Omega t)$，使用无量纲系统参数：$\tau=\omega_1 t$，$\omega_1^2=\dfrac{k_1}{m}$，$y=\dfrac{\hat{y}}{u_0}$，$\mu=\dfrac{k_2u_0^2}{k_1}$，$2\xi_1=\dfrac{c_1}{m\omega_1}$，$\omega_2^2=\dfrac{k_3}{m}$，$2\xi_2=\dfrac{c_3}{m\omega_1}$，$\lambda=\dfrac{\Omega}{\omega_1}$，$d=\dfrac{\Delta}{u_0}$，$\rho=\dfrac{\omega_2}{\omega_1}$，则方程（5-16）可以写成无量纲形式：

$$\ddot{y}+y+\mu y^3+2\xi_1\dot{y}+G(y,\ \dot{y})=\lambda^2\cos\lambda\tau \tag{5-18}$$

式中，$G(y,\ \dot{y})=[\rho^2(y-d)+2\xi_2\dot{y}]H(y-d)+[\rho^2(y+d)+2\xi_2\dot{y}]H(-y-d)=\begin{cases}\rho^2(y-d)+2\xi_2\dot{y}, & y>d\\ 0, & -d\leqslant y\leqslant d\\ \rho^2(y+d)+2\xi_2\dot{y}, & y<-d\end{cases}$；变量符号上方的点表示相对于时间 τ 的微分；

$H(\cdot)$ 是 Heaviside 函数，定义为 $H(y-d)=\begin{cases}1 & y>d\\0 & y\leqslant d\end{cases}$，$H(-y-d)=\begin{cases}1 & y<-d\\0 & y\geqslant -d\end{cases}$。

设 $f=\lambda^2$，摄动分析需要等式（5-18）重新写为：

$$\ddot{y}+y+\varepsilon\mu_1 y^3+2\varepsilon\xi_{11}\dot{y}+\varepsilon[\rho_1^2(y-d)+2\xi_{21}\dot{y}]H(y-d)+ \varepsilon[\rho_1^2(y+d)+2\xi_{21}\dot{y}]H(-y-d)=\varepsilon f_1\cos\lambda\tau \tag{5-19}$$

式中，ε 是一个无量纲小参数。

式（5-18）中的所有阻尼项和非线性项都假定很小，并具有关系 $\mu=\varepsilon\mu_1$，$\xi_1=\varepsilon\xi_{11}$，$\xi_2=\varepsilon\xi_{21}$ 和 $\rho=\sqrt{\varepsilon}\rho_1$。激励振幅写为 $f=\varepsilon f_1$，以计算主共振响应。

为了分析固有频率 ω_1 附近的主共振，通过以下等式引入解谐参数 σ：

$$\lambda^2=1+\varepsilon\sigma \tag{5-20}$$

因此，式（5-19）可以重写为：

$$\ddot{y}+\lambda^2 y-\varepsilon\sigma y+\varepsilon\mu_1 y^3+2\varepsilon\xi_{11}\dot{y}+\varepsilon[\rho_1^2(y-d)+2\xi_{21}\dot{y}]H(y-d)+ \varepsilon[\rho_1^2(y+d)+2\xi_{21}\dot{y}]H(-y-d)=\varepsilon f_1\cos\lambda\tau \tag{5-21}$$

于是，采用多尺度法，位移响应可以写为以下近似解[178,198-200]：

$$y(\tau;\ \varepsilon)=y_0(T_0,\ T_1)+\varepsilon y_1(T_0,\ T_1)+O(\varepsilon^2) \tag{5-22}$$

式中，$T_0=\tau$，称为快时间尺度；$T_1=\varepsilon\tau$，称为慢时间尺度。

Heaviside 函数 $H(\cdot)$ 可以展开为：

$$H(y-d)=H(y_0-d)+\varepsilon\delta(y_0-d)y_1 \tag{5-23}$$

$$H(-y-d)=H(-y_0-d)-\varepsilon\delta(-y_0-d)y_1 \tag{5-24}$$

式中，$\delta(\cdot)$ 是狄拉克 δ 函数。

采用式（5-23）和式（5-24），并将式（5-22）代入式（5-21），获得具有相同次幂的 ε 项，可以得到：

$$\varepsilon^0: D_0^2 y_0+\lambda^2 y_0=0 \tag{5-25}$$

$$\varepsilon^1:\ D_0^2 y_1+\lambda^2 y_1=-2D_0D_1y_0+\sigma y_0-\mu_1 y_0^3-2\xi_{11}D_0y_0-[\rho_1^2(y_0-d)+2\xi_{21}D_0y_0] H(y_0-d)-[\rho_1^2(y_0+d)+2\xi_{21}D_0y_0]H(-y_0-d)+f_1\cos\lambda T_0 \tag{5-26}$$

式（5-25）的一般解可以表示为：

$$y_0=A(T_1)\cos(\lambda T_0+\phi(T_1)) \tag{5-27}$$

式中，A 是响应振幅，$A>0$；ϕ 是相位。

式（5-27）中，A 和 ϕ 都是 T_1 的函数。设 $\gamma=\lambda T_0+\phi$，并将式（5-27）代入式（5-26），可以得到：

$$D_0^2 y_1+\lambda^2 y_1=2\lambda A'\sin\gamma+2\lambda A\phi'\cos\gamma+\sigma A\cos\gamma-\mu_1 A^3\cos^3\gamma+2\xi_{11}\lambda A\sin\gamma- [\rho_1^2(A\cos\gamma-d)-2\xi_{21}\lambda A\sin\gamma]H(A\cos\gamma-d)-[\rho_1^2(A\cos\gamma+d)- 2\xi_{21}\lambda A\sin\gamma]H(-A\cos\gamma-d)+f_1\cos(\gamma-\phi) \tag{5-28}$$

由于 $H(A\cos\gamma - d)$ 和 $H(-A\cos\gamma - d)$ 是圆频率为 λ 的周期函数，它们可以展开为以下傅里叶级数：

$$H(A\cos\gamma - d) = \frac{a_0}{2} + \sum_{n=1}^{\infty} a_n \cos n\gamma \tag{5-29}$$

$$H(-A\cos\gamma - d) = \frac{a_0}{2} + \sum_{n=1}^{\infty} (-1)^n a_n \cos n\gamma \tag{5-30}$$

式中，$a_n = \dfrac{2\sin n\pi}{n\pi}$，$(n = 0, 1, 2)$；$\theta = \begin{cases} \arccos \dfrac{d}{A} \in \left(0, \dfrac{\pi}{2}\right) & A > d \\ 0 & A \leqslant d \end{cases}$。

然后，将等式（5-29）和式（5-30）代入式（5-28）中得到：

$$\begin{aligned} D_0^2 y_1 + \lambda^2 y_1 = & 2\lambda A'\sin\gamma + 2\lambda A\phi'\cos\gamma + \sigma A\cos\gamma - \mu_1 A^3\cos^3\gamma + 2\xi_{11}\lambda A\sin\gamma - \\ & [\rho_1^2(A\cos\gamma - d) - 2\xi_{21}\lambda A\sin\gamma]\left(\frac{a_0}{2} + \sum_{n=1}^{\infty} a_n\cos n\gamma\right) - [\rho_1^2(A\cos\gamma + \\ & d) - 2\xi_{21}\lambda A\sin\gamma]\left[\frac{a_0}{2} + \sum_{n=1}^{\infty}(-1)^n a_n\cos n\gamma\right] + f_1\cos(\gamma - \phi) \\ = & 2\lambda A'\sin\gamma + 2\lambda A\phi'\cos\gamma + \sigma A\cos\gamma - \frac{1}{4}\mu_1 A^3(3\cos\gamma + \cos 3\gamma) + \\ & 2\xi_{11}\lambda A\sin\gamma - [\rho_1^2 a_0 A\cos\gamma + 2\rho_1^2 A\cos\gamma\sum_{n=1}^{\infty} a_{2n}\cos 2n\gamma - \\ & 2d\rho_1^2\sum_{n=0}^{\infty} a_{2n+1}\cos(2n+1)\gamma - 2\xi_{21}a_0\lambda A\sin\gamma - \\ & 4\xi_{21}\lambda A\sin\gamma\sum_{n=1}^{\infty} a_{2n}\cos 2n\gamma] + f_1\cos(\gamma - \varphi) \\ = & f_1\cos(\gamma - \phi) + \left(2\lambda A\phi' + \sigma A - \frac{3}{4}\mu_1 A^3\right)\cos\gamma + \\ & (2\lambda A' + 2\xi_{11}\lambda A)\sin\gamma - \frac{1}{4}\mu_1 A^3\cos 3\gamma + \\ & \sum_{n=0}^{\infty}(2d\rho_1^2 a_{2n+1} - \rho_1^2 A a_{2n} - \rho_1^2 A a_{2n+2})\cos(2n+1)\gamma + \\ & 2\xi_{21}\lambda A\sum_{n=0}^{\infty}(a_{2n} - a_{2n+2})\sin(2n+1)\gamma \end{aligned} \tag{5-31}$$

从 y_1 中去除长期项，由式（5-31）可以得到：

$$f_1\sin\phi + (2\lambda A' + 2\xi_{11}\lambda A) + 2(a_0 - a_2)\xi_{21}\lambda A = 0 \tag{5-32}$$

$$f_1\cos\phi + \left(2\lambda A\phi' + \sigma A - \frac{3}{4}\mu_1 A^3\right) + 2d\rho_1^2 a_1 - \rho_1^2 A(a_0 + a_2) = 0 \tag{5-33}$$

式（5-32）和式（5-33）可以改写成：

$$2\lambda A' = -2\xi_{11}\lambda A - 2(a_0 - a_2)\xi_{21}\lambda A - f_1\sin\phi \tag{5-34}$$

$$2\lambda A\phi' = -\frac{\lambda^2 - 1}{\varepsilon}A + \frac{3}{4}\mu_1 A^3 - 2d\rho_1^2 a_1 + \rho_1^2(a_0 + a_2)A - f_1\cos\phi \tag{5-35}$$

考虑稳态响应，有 $A' = 0$ 和 $\phi' = 0$，由式（5-34）和式（5-35）可得：

$$2\xi_{11}\lambda A + 2(a_0 - a_2)\xi_{21}\lambda A + f_1\sin\phi = 0 \tag{5-36}$$

$$\left[\rho_1^2(a_0 + a_2) - \frac{\lambda^2 - 1}{\varepsilon}\right]A + \frac{3}{4}\mu_1 A^3 - 2d\rho_1^2 a_1 - f_1\cos\phi = 0 \tag{5-37}$$

然后，使用 $\sin^2\phi + \cos^2\phi = 1$ 恒等式，可得：

$$\left\{\left[\rho_1^2(a_0 + a_2) - \frac{\lambda^2 - 1}{\varepsilon}\right]A + \frac{3}{4}\mu_1 A^3 - 2d\rho_1^2 a_1\right\}^2 + [2\xi_{11} + 2(a_0 - a_2)\xi_{21}]^2\lambda^2 A^2 = f_1^2 \tag{5-38}$$

将等式两边同时乘以 ε^2，得到频率响应关系为：

$$\left\{[\rho^2(a_0 + a_2) - (\lambda^2 - 1)]A + \frac{3}{4}\mu A^3 - 2d\rho^2 a_1\right\}^2 + [2\xi_1 + 2(a_0 - a_2)\xi_2]^2\lambda^2 A^2 = \lambda^4 \tag{5-39}$$

它是振幅 A 和频率 λ 的隐函数，可以看到它与设定的小参数 ε 没有关系。与文献［179］附录A中采用平均法[201-202]求得的解相比，可以看到两个结果是一致的。

定义

$$R_1(A) = \rho^2(a_0 + a_2) - 2\frac{d}{A}\rho^2 a_1 = \rho^2(a_0 - a_2) \tag{5-40}$$

$$R_2(A) = 2\xi_2(a_0 - a_2) \tag{5-41}$$

则分段系统的频响方程可以重新写为：

$$A^2\left[\lambda^2 - \left(1 + \frac{3}{4}\mu A^2\right) - R_1\right]^2 + A^2(2\xi_1 + R_2)^2\lambda^2 = \lambda^4 \tag{5-42}$$

从而得到主共振的骨架曲线计算公式为：

$$\lambda^2 = 1 + \frac{3}{4}\mu A^2 + R_1 \tag{5-43}$$

式（5-42）也可以展开为：

$$(A^2 - 1)\lambda^4 + B_1\lambda^2 + B_0 = 0 \tag{5-44}$$

式中，$B_1 = (2\xi_1 + R_2)^2A^2 - 2A^2\left(1 + \frac{3}{4}\mu A^2 + R_1\right)$，$B_0 = A^2\left(1 + \frac{3}{4}\mu A^2 + R_1\right)^2$。

当 $A \neq 1$ 时，式（5-44）是 λ^2 的二次式，方程的判别式为：

$$D = B_1^2 - 4B_0(A^2 - 1) \tag{5-45}$$

求解方程式（5-44），得到 λ 的两个正数解为：

$$\lambda_{1,2} = \left[\frac{-B_1 \pm D^{1/2}}{2(A^2 - 1)}\right]^{1/2} \tag{5-46}$$

当满足以下前提条件时，以上方程式可以得出 λ 的实数解：

$$D \geqslant 0 \tag{5-47}$$

并且

$$\frac{-B_1 \pm D^{1/2}}{2(A^2-1)} \geqslant 0 \tag{5-48}$$

当 $A=1$ 时，式（5-44）是 λ 的二次式，正数解为：

$$\lambda = \left(-\frac{B_0}{B_1}\right)^{1/2} \tag{5-49}$$

由于 $B_0>0$，因此该方程给出 λ 实数解的前提是：

$$B_1 < 0 \tag{5-50}$$

以上解的位置处于频响曲线的左侧部分，因为相对位移传递率的右侧部分应接近于 1。

将 $A \neq 1$ 和 $A=1$ 两种情况合并在一起，便得到式（5-44）的解：

$$\lambda_1 = \left[\frac{-B_1 + D^{1/2}}{2(A^2-1)}\right]^{1/2} \tag{5-51a}$$

它应满足式（5-47）和式（5-48）的条件。

$$\lambda_2 = \begin{cases} \left[\dfrac{-B_1 - D^{1/2}}{2(A^2-1)}\right]^{1/2} & A \neq 1 \\ \left(-\dfrac{B_0}{B_1}\right)^{1/2} & A = 1 \end{cases} \tag{5-51b}$$

在 $A \neq 1$ 时，解式（5-51b）应满足不等式（5-47）和不等式（5-48）；在 $A=1$ 时，解式（5-51b）应满足不等式（5-50）。

图 5-6 所示为分段系统主共振频响曲线，利用式（5-51）在满足条件式（5-47）、式（5-48）和式（5-50）的情况下绘制；同时，主共振骨架曲线根据式（5-43）绘出。解析结果与根据四阶 Runge-Kutta 算法得到的数值结果进行比较，可以看到，解析解与数值解非常一致，其中，虚线表示不稳定解，数值解法无法对其求解，在下一小节将进行详细分析。

5.2.2　稳定性分析

根据式（5-34）和式（5-35），并使用式（5-40）和式（5-41），可以得到：

$$2\lambda A' = -2\xi_{11}\lambda A - \frac{R_2\lambda \cdot A}{\varepsilon} - f_1\sin\phi \tag{5-52}$$

$$2\lambda A\phi' = -\frac{\lambda^2-1}{\varepsilon}A + \frac{3}{4}\mu_1 A^3 + \frac{R_1 A}{\varepsilon} - f_1\cos\phi \tag{5-53}$$

对于稳态响应有：

$$f_1\sin\phi = -2\xi_{11}\lambda A - \frac{R_2\lambda A}{\varepsilon} \tag{5-54}$$

$$f_1\cos\phi = -\frac{\lambda^2 - 1}{\varepsilon}A + \frac{3}{4}\mu_1 A^3 + \frac{R_1 A}{\varepsilon} \tag{5-55}$$

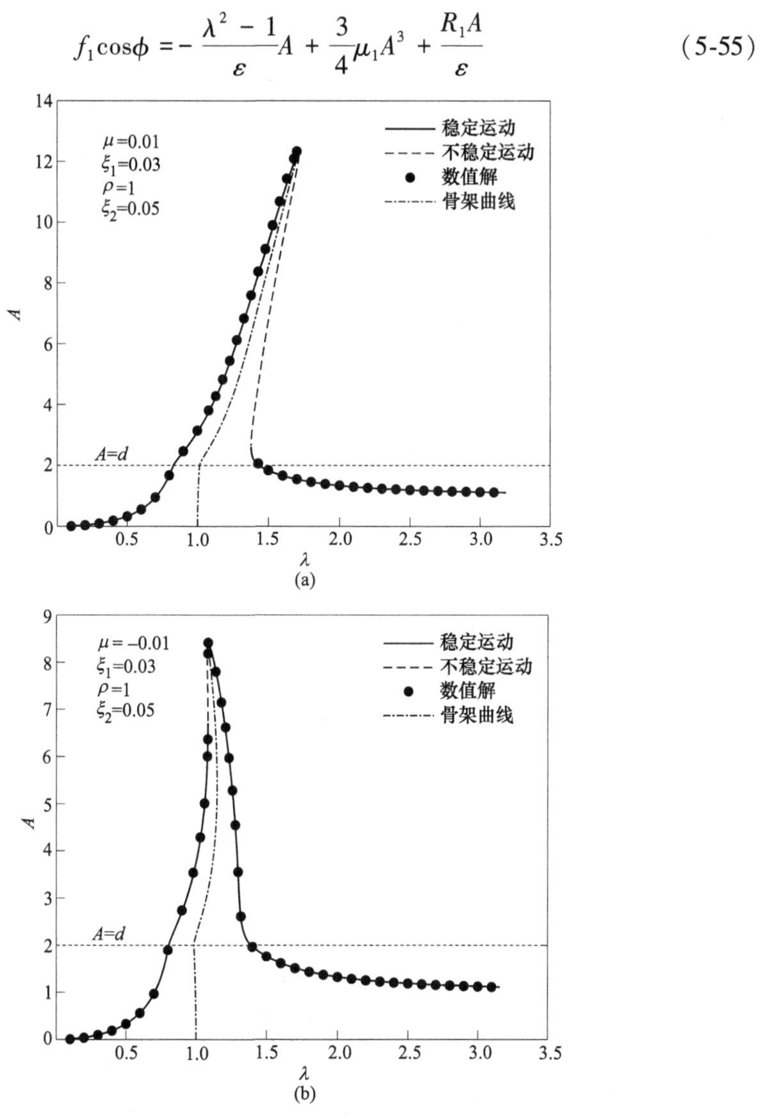

图 5-6 主共振响应解析解和数值解比较

（a）硬弹簧非线性系统；（b）软弹簧非线性系统

为了求解式（5-52）和式（5-53）在点（A_0，ϕ_0）处稳态解的稳定性，在运动稳态附近引入一个小变化 $\boldsymbol{v} = [\alpha,\ \beta]^{\mathrm{T}}$：

$$A = A_0 + \alpha,\ \phi = \phi_0 + \beta \tag{5-56}$$

将式（5-56）代入式（5-52）和式（5-53），并用泰勒级数展开，可得：

$$\alpha' = -\xi_{11}\alpha - \frac{R'_2(A_0)A_0 + R_2(A_0)}{2\varepsilon}\cdot\alpha - \frac{f_1}{2\lambda}\cos\phi_0\cdot\beta \tag{5-57}$$

$$\beta' = \left(\frac{3}{4\lambda}\mu_1 A_0 + \frac{R_1'(A_0)}{2\varepsilon\lambda} + \frac{f_1}{2\lambda A_0^2}\cos\phi_0\right)\alpha + \left(\frac{f_1}{2\lambda A_0}\sin\phi_0\right)\beta \tag{5-58}$$

式中，R_1'和R_2'分别是R_1和R_2相对于A的导数，相关推导见文献［179］的附录B。

利用式（5-54）和式（5-55）可将式（5-57）和式（5-58）写成状态空间的形式：

$$\boldsymbol{v}' = \boldsymbol{B}\boldsymbol{v} = \begin{pmatrix} b_{11} & b_{12} \\ b_{21} & b_{22} \end{pmatrix}\boldsymbol{v} \tag{5-59}$$

式中，$b_{11} = -\xi_{11} - \dfrac{R_2'(A_0)A_0 + R_2(A_0)}{2\varepsilon}$，$b_{12} = -\dfrac{1}{2\lambda}\left(-\dfrac{\lambda^2-1}{\varepsilon}A_0 + \dfrac{3}{4}\mu_1 A_0^3 + \dfrac{R_1(A_0)A_0}{\varepsilon}\right)$，$b_{21} = \dfrac{9}{8\lambda}\mu_1 A_0 + \dfrac{R_1'(A_0)}{2\varepsilon\lambda} + \dfrac{R_1(A_0)}{2\varepsilon\lambda A_0} - \dfrac{\lambda^2-1}{2\varepsilon\lambda A_0}$，$b_{22} = -\xi_{11} - \dfrac{R_2(A_0)}{2\varepsilon}$。

稳态解（A_0，ϕ_0）的稳定性取决于系数矩阵$\boldsymbol{B}$的特征值，只有同时满足以下条件时才会稳定：

$$b_{11} + b_{22} < 0 \tag{5-60}$$

$$b_{11}b_{22} - b_{12}b_{21} > 0 \tag{5-61}$$

这样的稳态运动是渐近稳定的[178]。在实际应用中，悬架的阻尼器和限位缓冲器总是具有正阻尼，系统的固有频率和激励频率总是正的，因此条件式(5-60)总是可以满足的。从而，方程$b_{11}b_{22} - b_{12}b_{21} = 0$定义了稳定的边界，表明会出现鞍点分岔，即会出现跳跃现象。

5.2.3　限位缓冲器参数对主共振响应的影响

在本节中，保持参数μ和ξ_1的取值不变，改变参数ρ、ξ_2和d的取值，考察主共振响应曲线的变化规律。在所有的结果图中，实线代表稳定运动，虚线代表不稳定运动，点划线代表骨架曲线，点线代表$A=d$。当频率增大或减小时，在稳定区和不稳定区的临界点处会出现跳跃现象。首先，分别研究$\rho=0$和$\xi_2=0$的情况，以研究参数ξ_2和ρ对所研究系统主共振响应的影响；然后，研究参数ρ、ξ_2和d均为正值的情况，以进一步考察参数ρ和d的影响。

5.2.3.1　$\rho=0$时

从式（5-40）和式（5-43）可以得到，参数ξ_2与骨架曲线无关。如图5-7所示，当ξ_2变化时，非线性程度不会改变。另外，当阻尼比ξ_2增大时，频响函数曲线幅值减小，不稳定运动区域减小。因此，对于非线性Duffing振子来说，使用对称阻尼限位缓冲器对减小系统主共振有好处，这一结论与Stahl和Jazar[201-202]以及Hao等人[203]的研究结果一致。

5.2.3.2　$\xi_2=0$时

假设$\xi_2=0$，则R_2将为零，频率响应曲线式（5-42）将变为

$A^2\left[\lambda^2-\left(1+\frac{3}{4}\mu A^2\right)-R_1\right]^2+4\xi_1^2A^2\lambda^2=\lambda^4$。如图 5-7 所示，与没有限位缓冲器的系统相比，当 $A>d$ 时，骨架曲线向右移动。在图 5-7（a）中，当 $\mu=0.01$、$\xi_1=0.03$ 时，无止挡的硬弹簧系统（Duffing 振子系统）和有止挡的硬弹簧系统都没有下跳跃频率。在图 5-7（b）中，有止挡系统的峰值振幅增大。可以看到，当对称止挡具有正刚度时，主共振隔离性能会变差。

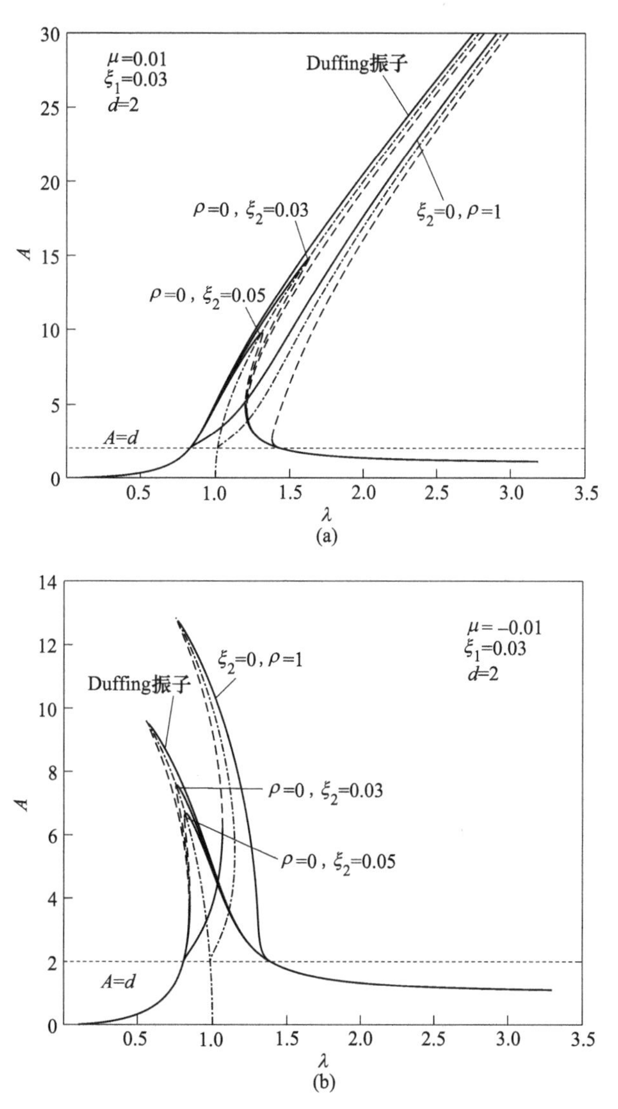

图 5-7 当 $\rho=0$ 或者 $\xi_2=0$ 时，系统主共振响应曲线与 Duffing 振子对比

（a）硬弹簧非线性系统；（b）软弹簧非线性系统

5.2.3.3　参数 ρ、ξ_2 和 d 均为正值

如图 5-7 所示，增加限位缓冲器阻尼的好处显而易见，文献［201］~［203］中也得出了同样的结论。本节分别改变限位缓冲器的设计参数 ρ 和 d，进一步研究它们对频率响应的影响，如图 5-8 和图 5-9 所示。与不带止挡的 Duffing 振子相比，在主共振条件下，这些结果表明线性黏弹性限位缓冲装置能有效抑制 Duffing 悬架系统的非线性振动。

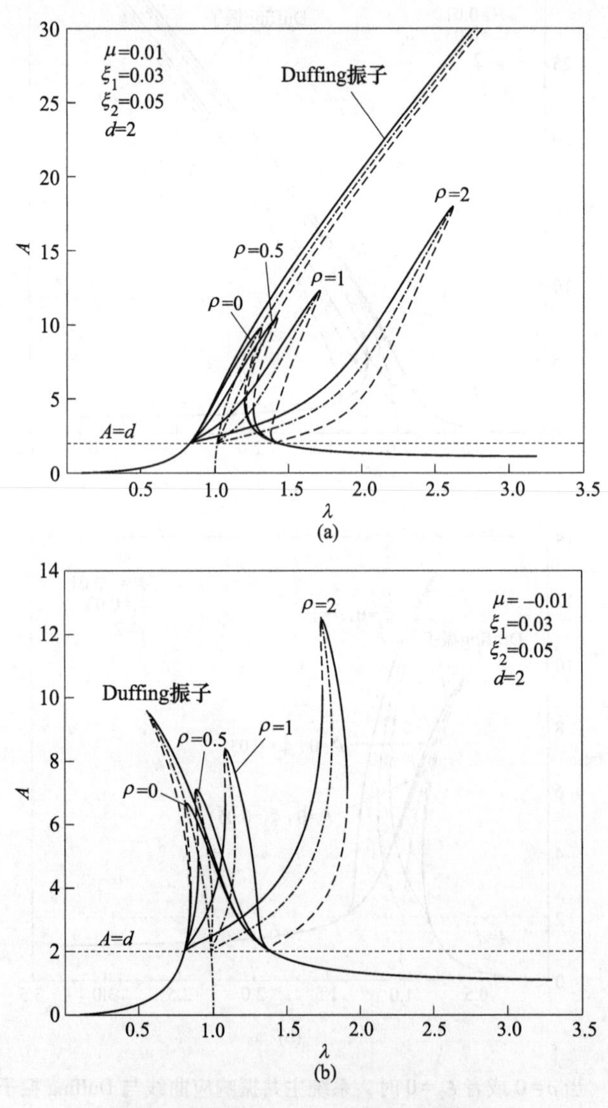

图 5-8　刚度比 ρ 对主共振响应的影响

（a）硬弹簧非线性系统；（b）软弹簧非线性系统

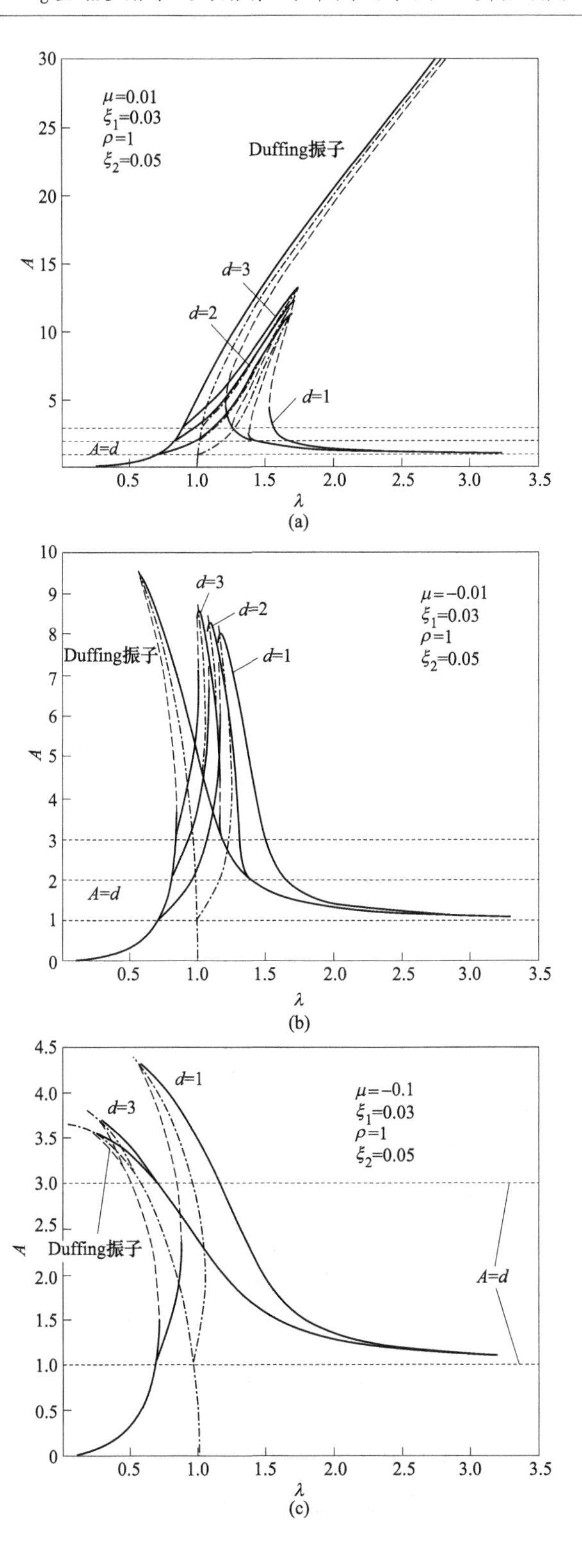

μ=0.01
ξ1=0.03
ρ=1
ξ2=0.05
Duffing振子
d=3
d=2
d=1
A=d
A
λ
(a)
μ=−0.01
ξ1=0.03
ρ=1
ξ2=0.05
Duffing振子
d=3
d=2
d=1
A=d
A
λ
(b)
μ=−0.1
ξ1=0.03
ρ=1
ξ2=0.05
Duffing振子
d=3
d=1
A=d
A
λ
(c)

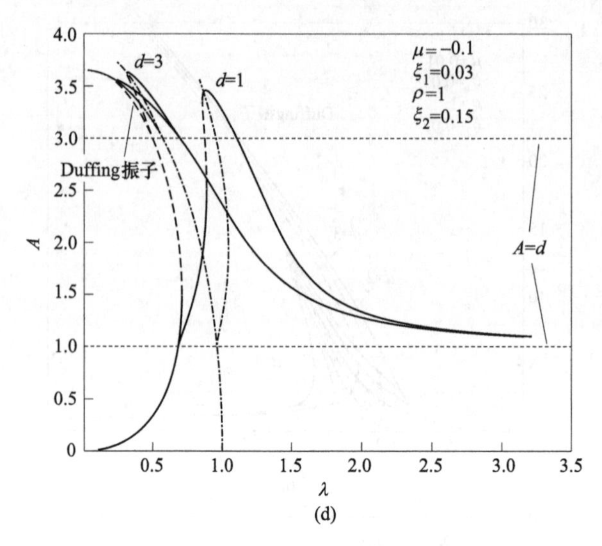

(d)

图 5-9　参数 d 对主共振响应的影响

（a）硬弹簧非线性系统（$\mu=0.01$，$\xi_2=0.05$）；（b）软弹簧非线性系统（$\mu=-0.01$，$\xi_2=0.05$）；
（c）软弹簧非线性系统（$\mu=-0.1$，$\xi_2=0.05$）；（d）软弹簧非线性系统（$\mu=-0.1$，$\xi_2=0.15$）

如图 5-8 所示，保持 ξ_2 和 d 的取值不变，ρ 的取值在 0 到 2 之间变化。ρ 取值较大时会带来较大的共振幅值，并且骨架曲线更严重地向右弯曲。也就是说，限位缓冲器的正刚度会给系统带来硬非线性。因此，如图 5-8（a）所示的主悬架为硬弹簧非线性系统，与具有纯阻尼限位缓冲器系统（$\rho=0$）相比，使用一对对称黏弹性限位缓冲器的隔振系统在主共振时的隔振性能会下降。如图 5-8（b）所示，对于主悬架为软弹簧的非线性系统，当 $\rho=0.5$ 和 $\rho=1$ 时，不稳定运动区域会减少；当 $\rho=2$ 时，不稳定运动区域又增大，同时共振幅值增大。因此，过硬的限位缓冲器（相对于主悬架的刚度而言）可能不利于减少主共振，这与 Stahl 和 Jazar[201] 得出的结论一致。

在固定参数 ρ 和 ξ_2 的前提下，自由行程 d 对频率响应的影响如图 5-9 所示。可以看出，自由行程 d 越小，骨架曲线越向右弯曲，这意味着自由行程越小，系统的硬非线性程度越高。而且，在低振幅振动或没有强烈脉冲激励的情况下，应避免限位缓冲器作用带来的冲击，即系统设计中存在一个自由行程下限[204]。此外，如图 5-9（a）、（b）所示，较小的 d 会减小频率响应的幅值，然而，如图 5-9（c）所示，对于软非线性较强主悬架系统，d 的减小反而会增大频率响应的幅值，这也是 Stahl 和 Jazar[201] 研究的一种情况。但与图 5-9（d）的情况相比，可以得到，如果在软非线性较强的主悬架系统中，限位缓冲器具有足够的阻尼，则在自由行程 d 较小的情况下，响应幅值会减小。

因此，设计参数 ρ、ξ_2 和 d 对所研究系统的主共振特性具有交互影响。此外，参数的影响还取决于主悬架的刚度非线性程度和阻尼大小。

5.2.4 避免跳跃的条件

通过上述分析可知，合理设计参数 ρ、ξ_2、d 以及参数 μ、ξ_1，系统将可以避免跳跃现象的发生。事实上，如果能确保系统的频率响应是唯一的，就可以避免跳跃[205-206]。众所周知，Duffing 型隔振系统会显示出软非线性或硬非线性特性，这取决于 μ 的符号。而线性限位缓冲器会带来硬非线性，是由于线性刚度 ρ 和自由行程 d 的存在。所以，研究跳跃避免的条件，需要分为 $A \leqslant d$ 和 $A>d$ 的两种情况。当 $A \leqslant d$ 时，只有主隔振器起作用，即为 Duffing 振子，Brennan 等人[207]已经研究了这种情况，确定了系统共振响应的跳跃频率和相应的位移振幅；他们还研究了非线性刚度和线性阻尼对发生跳跃现象的影响，证明了存在一个 μ 的临界值。因此，当 Duffing 主悬架出现跳跃时，如果自由行程 d 能小于上跳跃频率 λ_u 时的振幅 A_u，就能确保在 $A \leqslant d$ 的情况下避免跳跃的发生，而上跳跃频率 λ_u 与非线性参数 μ 密切相关。当 $A>d$ 时，如果频率响应曲线是单值函数，则可以确保所研究的隔振系统不发生跳跃。

当没有限位缓冲器时，根据式（5-42），主悬架系统的频率响应方程可写成为：

$$A^2\left[\lambda^2-\left(1+\frac{3}{4}\mu A^2\right)\right]^2+4A^2\xi_1^2\lambda^2=\lambda^4 \tag{5-62}$$

通过式（5-62）对 A 求解 $\frac{\mathrm{d}\lambda}{\mathrm{d}A}=0$ [207]，可确定主隔振器在上跳跃频率的相对位移振幅。将式（5-62）的两边对振幅 A 进行微分，得到：

$$\begin{aligned}&2\left[-(\lambda^2-1)A+\frac{3}{4}\mu A^3\right]\left[-(\lambda^2-1)-2A\lambda\frac{\mathrm{d}\lambda}{\mathrm{d}A}+\frac{9}{4}\mu A^2\right]+\\&4\xi_1\lambda A\left(2\xi_1\lambda+2\xi_1 A\frac{\mathrm{d}\lambda}{\mathrm{d}A}\right)=4\lambda^3\frac{\mathrm{d}\lambda}{\mathrm{d}A}\end{aligned} \tag{5-63}$$

将 $\frac{\mathrm{d}\lambda}{\mathrm{d}A}=0$ 代入式（5-63）得到：

$$\left[-(\lambda^2-1)A+\frac{3}{4}\mu A^3\right]\left[-(\lambda^2-1)+\frac{9}{4}\mu A^2\right]+4\xi_1^2\lambda^2 A=0 \tag{5-64}$$

可将其展开为：

$$\frac{27}{16}\mu^2A^4+3\mu(1-\lambda^2)A^2+\lambda^4+(4\xi_1^2-2)\lambda^2+1=0 \tag{5-65}$$

求解式（5-65）中的A，得到：

$$A_{1,2} = \frac{2}{3}\left[\frac{2(\lambda^2 - 1) \pm (\lambda^4 - 12\xi_1^2\lambda^2 - 2\lambda^2 + 1)^{1/2}}{\mu}\right]^{1/2} \tag{5-66}$$

以上解与式（5-47）、式（5-48）和式（5-50）联立，在$R_1 = R_2 = 0$的条件下，可以得到上跳跃频率λ_u及其相应的振幅A_u，如图5-10所示。在式（5-66）中，“+”号对应的是$\mu<0$软非线性系统的上跳跃频率，“-”号对应的是$\mu>0$硬非线性系统的上跳跃频率。

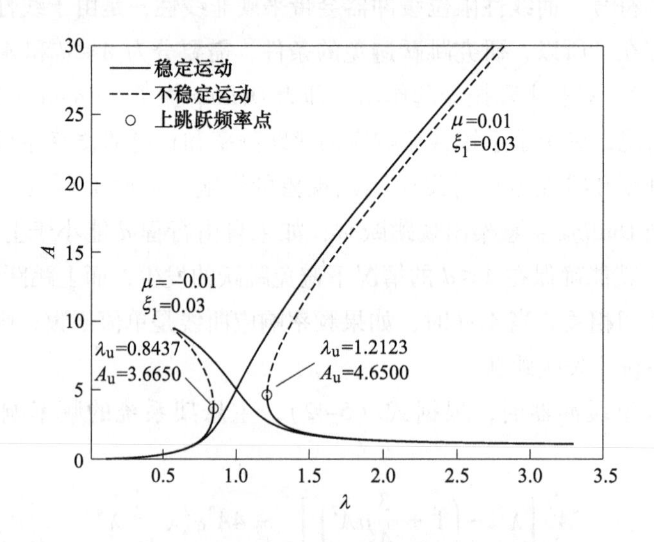

图5-10　Duffing振子的上跳跃频率点和其振幅

要想在$A \leqslant d$的范围内不发生跳跃，必须满足以下条件：

$$d < A_u \tag{5-67}$$

当$A > d$时，需要对第5.2.2节中的稳定性条件式（5-61）进行讨论。当频率响应曲线上只有一个点或没有点时，对应有：

$$b_{11}b_{22} - b_{12}b_{21} = 0 \tag{5-68}$$

此时可以避免跳跃的产生。因此，可以通过式（5-68）和频率响应公式（5-42）来确定避免跳跃区域和发生跳跃区域之间的边界。

由此可以得到，对于某个主隔离器，每一组参数ρ和d都会对应一个ξ_2的最小值以避免跳跃的发生。从图5-10可以看出，当自由行程d等于或小于3.5时，条件式（5-67）在$|\mu| = 0.01$和$\xi_2 = 0.03$时成立。如图5-11所示，不同的ρ和d取值下，对应的ξ_2最小值构建了一个曲面。该曲面定义了发生和不发生跳跃现象的临界边界。当限位缓冲器的参数值高于或位于曲面上时，跳跃现象不会发生。

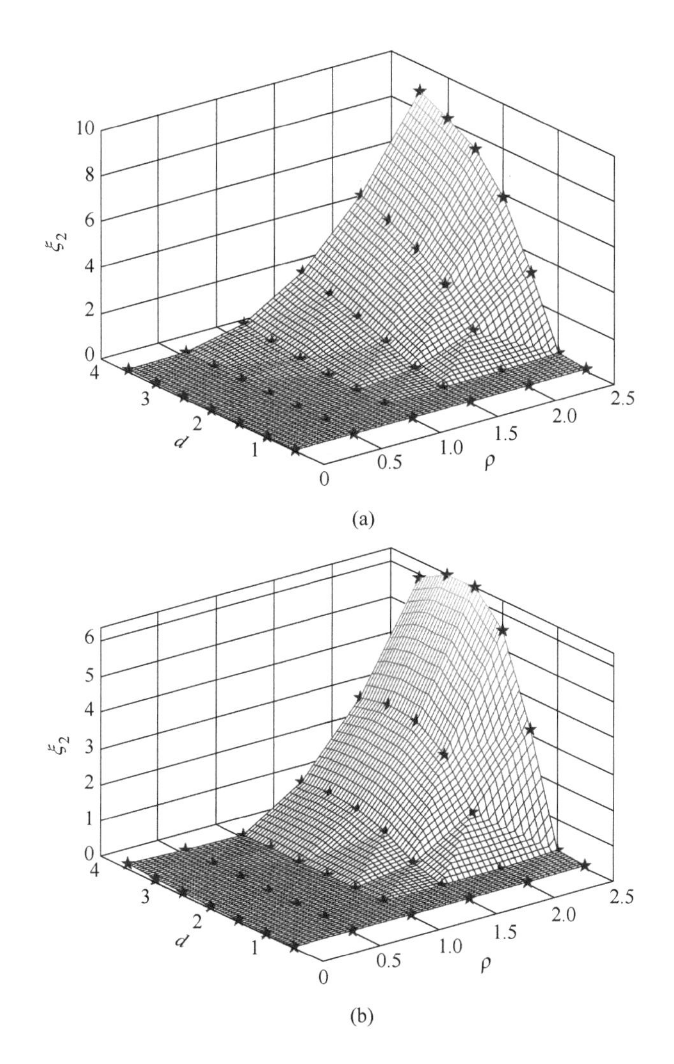

图 5-11 避免跳跃现象发生的临界表面（五角星表示曲面插值点）

（a）硬弹簧非线性系统（$\mu=0.01$，$\xi_1=0.03$）；（b）软弹簧非线性系统（$\mu=-0.01$，$\xi_1=0.03$）

从图 5-12 所示的二维图可以进一步看出，无论是弱硬非线性还是强硬非线性的主隔振器，随着自由行程 d 的增加，ξ_2 的最小值 ξ_{2_min}对刚度比 ρ 更加敏感。然而，当 $\rho\leqslant 1$ 并且 $d\leqslant 2$ 时，ξ_{2_min}的值较小且敏感度也较低。这表明，只要参数 ρ 和 d 在适当的范围内，尽管限位缓冲器的正刚度和较小的自由行程也会带来硬非线性，但在一个硬弹簧非线性主悬架系统中，不需要过多的限位缓冲器阻尼来避免跳跃的发生。

由图 5-13（a）、（b）可以得到，对于较弱的软非线性主隔振器（$\mu=-0.01$），

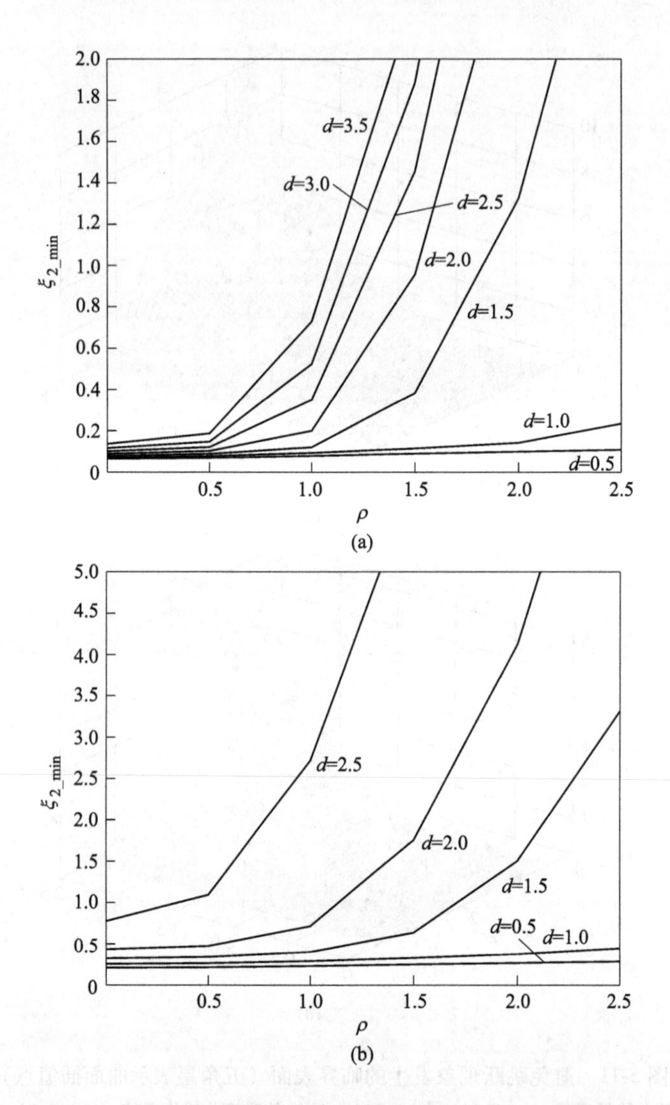

图 5-12　不同 d 值的硬非线性主隔振系统 ξ_{2_min}-ρ 二维曲线图

(a) $\mu=0.01$，$\xi_1=0.03$；(b) $\mu=0.1$，$\xi_1=0.03$

当 $\rho\leqslant1$ 时，为避免跳跃所需的阻尼较小，同时 ξ_{2_min} 对自由行程 d 的敏感度较低。对于较强的软非线性主隔振器（$\mu=-0.1$），由图 5-13（c）、（d）可得，当 ρ 增大到 1.5 时，ξ_{2_min} 的值也很小。此外，在较强的软非线性主隔振系统中，相比于 $\rho=1$ 和 $\rho=1.5$、$\rho=0$ 和 $\rho=0.5$ 时需要更多的阻尼来避免跳跃。因此可以推断，对一个软非线性主隔振系统避免跳跃，$\rho=1$ 是较好选择；另外，对于较强的软非线性主隔振系统，将 ρ 值设计为稍大于 1，也是不错的选择。

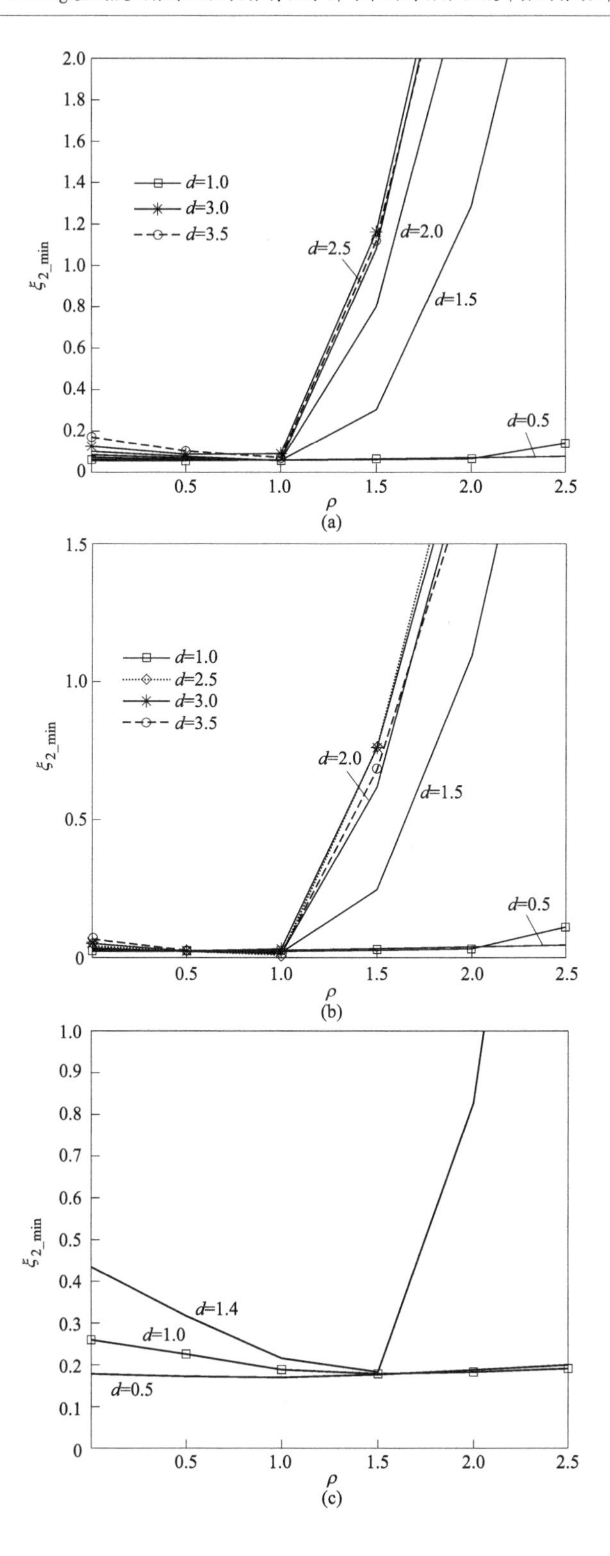

2.0
1.8
1.6
1.4
1.2
1.0
0.8
0.6
0.4
0.2
0
ξ_{2_min}
d=1.0
d=3.0
d=3.5
d=2.5
d=2.0
d=1.5
d=0.5
0.5
1.0
1.5
2.0
2.5
ρ
(a)
1.5
1.0
0.5
0
ξ_{2_min}
d=1.0
d=2.5
d=3.0
d=3.5
d=2.0
d=1.5
d=0.5
0.5
1.0
1.5
2.0
2.5
ρ
(b)
1.0
0.9
0.8
0.7
0.6
0.5
0.4
0.3
0.2
0.1
0
ξ_{2_min}
d=1.4
d=1.0
d=0.5
0.5
1.0
1.5
2.0
2.5
ρ
(c)

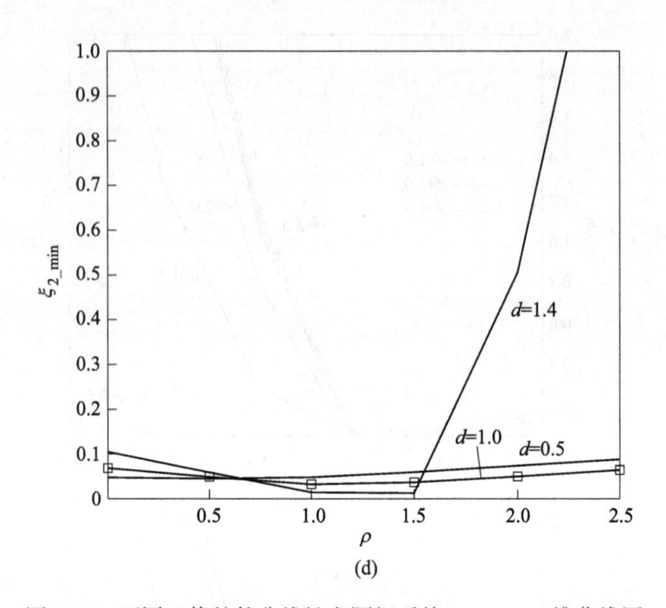

图 5-13 不同 d 值的软非线性主隔振系统 ξ_{2_min}-ρ 二维曲线图

(a) μ=-0.01，ξ_1=0.03；(b) μ=-0.01，ξ_1=0.06；(c) μ=-0.1，ξ_1=0.03；(d) μ=-0.1，ξ_1=0.13

5.2.5 绝对加速度响应

除了相对位移响应，质量 m 的绝对加速度响应也是评价车辆悬架性能的一个重要指标。无量纲化后的系统绝对加速度响应 $\ddot{x}_1$ 为：

$$\ddot{x}_1 = \ddot{y} + \ddot{x}_0 \tag{5-69}$$

式中，$x_1 = \dfrac{\hat{x}_1}{u_0}$，$x_0 = \dfrac{\hat{x}_0}{u_0}$。

根据式（5-27），则系统方程（5-18）的一阶近似稳态解为：

$$y \approx A\cos(\lambda\tau + \phi) \tag{5-70}$$

式中，A 和 ϕ 由式（5-36）和式（5-37）确定。

从而，相对加速度响应的稳态解可写成：

$$\ddot{y} \approx -A\lambda^2\cos(\lambda\tau + \phi) \tag{5-71}$$

将式（5-71）代入式（5-69），得到：

$$\ddot{x}_1 = -A\lambda^2\cos(\lambda\tau + \phi) - \lambda^2\cos\lambda\tau = (-A\lambda^2\cos\phi - \lambda^2)\cos\lambda\tau + A\lambda^2\sin\phi\sin\lambda\tau \tag{5-72}$$

结合式（5-36）和式（5-37），可以得出绝对加速度响应的振幅是 A 和 λ 的函数：

$$X_{1\_a} = (A^2\lambda^4 + 2A\lambda^4\cos\phi + \lambda^4)^{\frac{1}{2}}$$

$$= \left\{A^2\lambda^4 + 2A\lambda^2\left[\rho^2(a_0 - a_2)A - (\lambda^2 - 1)A + \frac{3}{4}\mu A^3\right] + \lambda^4\right\}^{1/2} \tag{5-73}$$

图 5-14~图 5-16 研究了限位缓冲器设计参数 ρ、ξ_2 和 d 对绝对加速度响应的影响，图中虚线表示 $A=d$ 时振幅 X_{1_a} 的值。从图 5-14（a）、图 5-15（a）和图 5-16（a）可以看出，对于硬弹簧非线性主隔振系统，参数的影响与对相对位移响应的影响相似。此外，结果还显示黏弹性限位缓冲器可以有效衰减硬弹簧非线性主隔振系统的绝对加速度响应幅值。

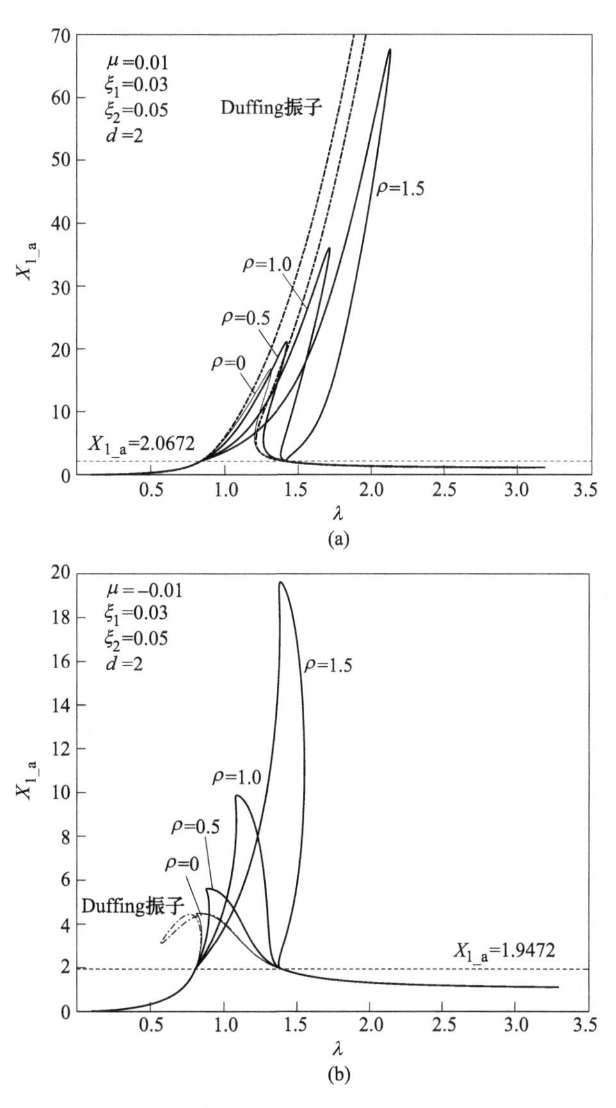

图 5-14　刚度比 ρ 取不同值时的绝对加速度响应曲线

（a）硬弹簧非线性系统；（b）软弹簧非线性系统

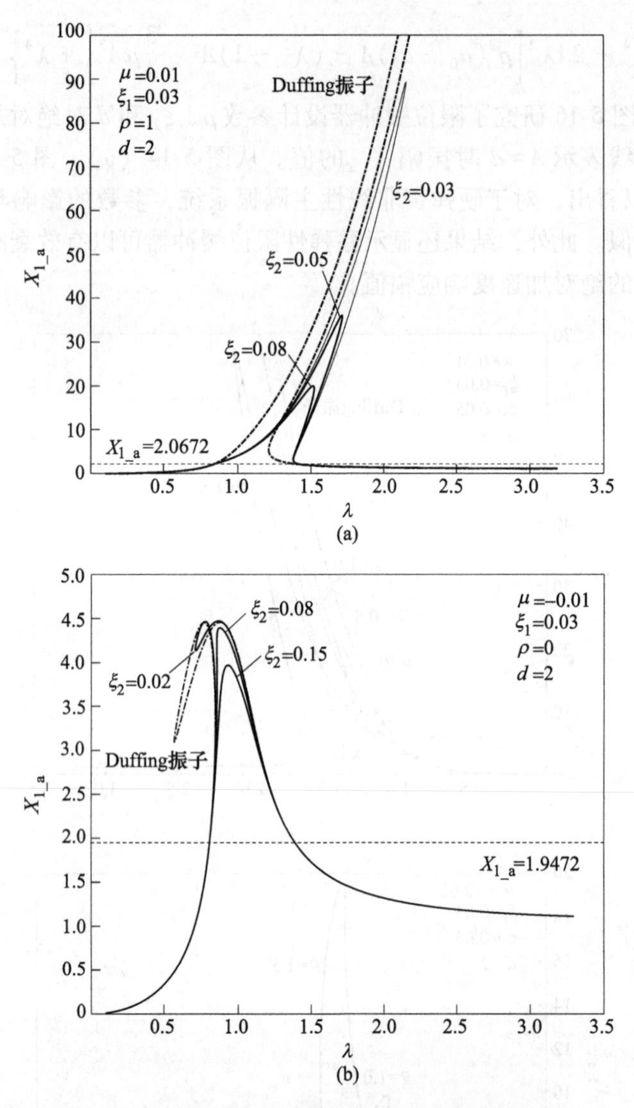

图 5-15　阻尼 ξ_2 取不同值时的绝对加速度响应曲线

（a）硬弹簧非线性系统；（b）软弹簧非线性系统；

但是另一方面，如图 5-14（b）、图 5-15（b）和图 5-16（b）所示，对于软弹簧非线性主隔振系统，参数的影响与对相对位移响应的影响截然不同，软弹簧非线性将被减弱。比较图 5-14（b）和图 5-8（b），可以得到，绝对加速度响应振幅比相对位移响应振幅对刚度比 ρ 更敏感。而且，如图 5-15（b）所示，随着 ξ_2 的增大，绝对加速度响应振幅也会变小，但是需要更多的阻尼以有效减小振动。此外，从图 5-16（b）、（c）可以看出，对于较弱的和较强的软弹簧非线性主隔振系统，随着 d 的减小，绝对加速度响应振幅都会增大，响应曲线也会向右偏移。

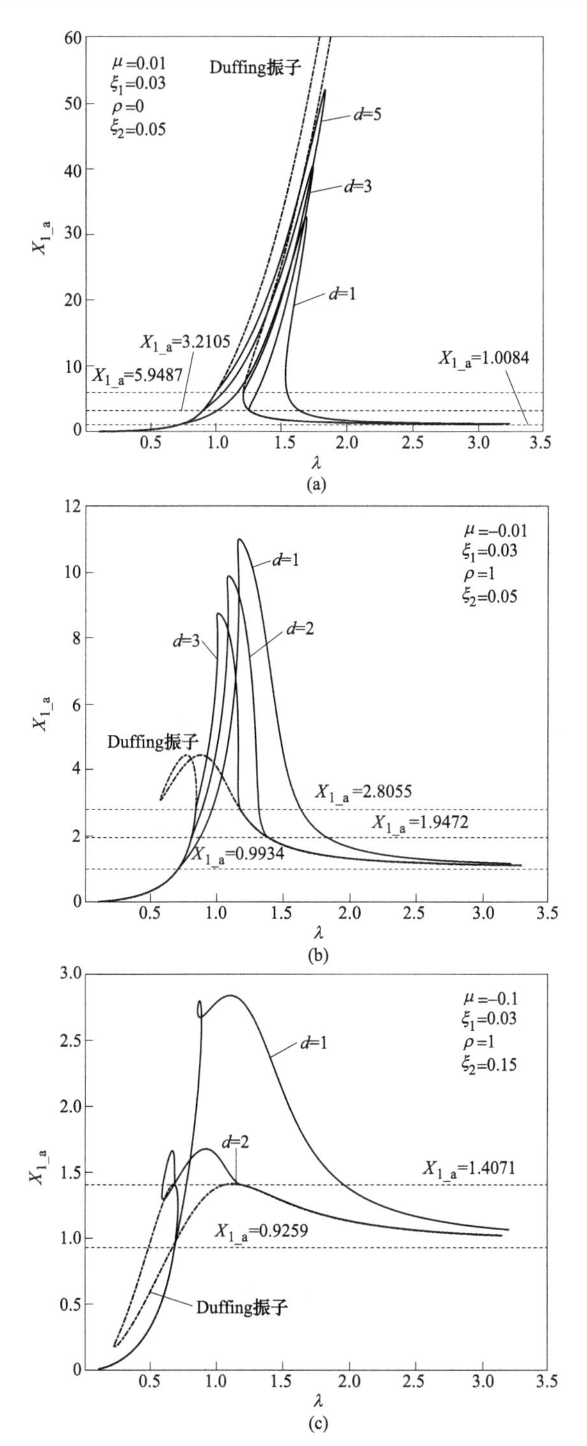

图 5-16 自由行程 d 取不同值时的绝对加速度响应曲线

(a) 硬弹簧非线性系统（$\mu=0.01$）；(b) 软弹簧非线性系统（$\mu=-0.01$）；(c) 软弹簧非线性系统（$\mu=-0.1$）

5.3　3自由度隔振系统瞬态响应特性分析[177]

第3.2节的实验研究表明，耦联隔振器在低频大振幅工况下具有明显的分段非线性阻尼特性。第4.3.3节对这种特性进行了建模研究，同时表明采用与位移相关的三次方阻尼模型能够更好地描述阻尼盘靠近橡胶主簧底部时阻尼力不断增大的特性。

本节考虑如图5-17所示的工程机械驾驶室隔振系统模型，驾驶室质心为O，通过4个硅油-橡胶耦联隔振器连接在刚性车架上，隔振器相对于车架垂直安装。这里假设工程机械驾驶室质量远比整机其他总质量小很多，这样驾驶室的运动不影响车架等其他部件的运动。一般地，悬挂式驾驶室在垂直、侧向水平、俯仰和倾侧4个自由度上的振动较大，而扭摆振动可以忽略[208]。驾驶室的质心位置和座椅位置总是不重合的，驾驶室的两个水平方向的振动在座椅位置将以俯仰和倾侧两种晃动表现出来。本节的重点是考察耦联隔振器的三次方阻尼以及含有此特性的分段阻尼对驾驶室瞬态响应的影响，而非线性阻尼特性主要表现在隔振器的垂直方向，为了清晰地反映各参数的作用，这里只采用垂直方向的一维模型描述隔振器，并建立具有垂直、倾侧和俯仰3个自由度（z、α和β）的驾驶室动力学模型，如图5-17所示，图中隔振器安装位置相对于驾驶室质心的尺寸参数l_{r1}、l_{r2}、l_{p1}和l_{p2}的含义，将在下面的建模中进行说明。

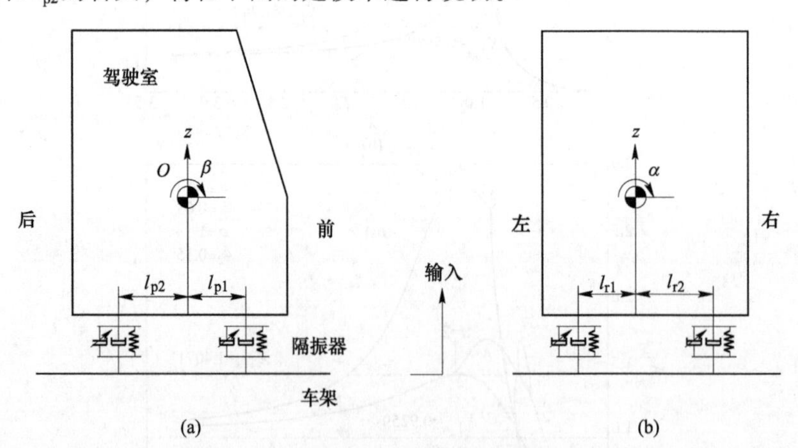

图5-17　土方机械驾驶室隔振系统模型
（a）俯仰平面；（b）倾侧平面

5.3.1　隔振器模型建立

根据第4.3.3节中对隔振器作用力的讨论，橡胶部分仍采用线性模型进行建模，并且认为液体具有线性弹性特性，同时，液体产生的阻尼力具有分段特性。为了方便考察三次方非线性阻尼特性以及分段阻力特性对驾驶室瞬态响应的影响，对液体阻尼建模时没有采用与速度二次方成正比的阻尼模型，而只采用了线性和三次方非线性阻尼并联模型描述隔振器在阻尼盘向上运动时的阻尼特性。事实上，为了方便计算，很多时候对与速度二次方成正比的非线性阻尼项进行线性化处理（如采用等效黏性阻尼系数[209]），所以这里模型中不采用二次方项是可行的。如图5-17所示，由隔振器 $i(i=1, 2, 3, 4)$ 作用到驾驶室的力可以写为：

$$F_{\mathrm{m}}^{i}(t)=-k_{i}\left[e_{\mathrm{c}}^{i}(t)-e_{\mathrm{f}}^{i}(t)\right]-\begin{cases}c_{\mathrm{dlin}}^{i}\left[\dot{e}_{\mathrm{c}}^{i}(t)-\dot{e}_{\mathrm{f}}^{i}(t)\right], & \dot{e}_{\mathrm{c}}^{i}(t)-\dot{e}_{\mathrm{f}}^{i}(t)<0 \\ c_{\mathrm{up}}^{i}\left[\dot{e}_{\mathrm{c}}^{i}(t)-\dot{e}_{\mathrm{f}}^{i}(t)\right], & \dot{e}_{\mathrm{c}}^{i}(t)-\dot{e}_{\mathrm{f}}^{i}(t) \geqslant 0\end{cases} \tag{5-74}$$

式中，k_i 是刚度常数，包括橡胶刚度和液体刚度两部分；e_{c}^{i} 和 e_{f}^{i} 分别是隔振器 i 与驾驶室的连接端和与车架的连接端的位移；$\dot{e}_{\mathrm{c}}^{i}$ 和 $\dot{e}_{\mathrm{f}}^{i}$ 分别是 e_{c}^{i} 和 e_{f}^{i} 关于时间 t 的导数；c_{dlin}^{i} 是阻尼盘向下运动时的阻尼常数；c_{up}^{i} 是与隔振器高度有关的阻尼系数。

$$c_{\mathrm{up}}^{i}=c_{\mathrm{ulin}}^{i}+c_{\mathrm{unon}}^{i}\left[\frac{e_{\mathrm{c}}^{i}(t)-e_{\mathrm{f}}^{i}(t)}{e_{0}^{i}}\right]^{2} \tag{5-75}$$

式中，c_{ulin}^{i} 和 c_{unon}^{i} 是两个阻尼常数；e_{0}^{i} 是阻尼盘位于负振幅时与橡胶底部的间隙。

将式（5-75）代入式（5-74），隔振器 i 对驾驶室的力写为：

$$F_{\mathrm{m}}^{i}(t)=-k_{i}\left[e_{\mathrm{c}}^{i}(t)-e_{\mathrm{f}}^{i}(t)\right]-$$

$$\begin{cases}c_{\mathrm{dlin}}^{i}\left[\dot{e}_{\mathrm{c}}^{i}(t)-\dot{e}_{\mathrm{f}}^{i}(t)\right], & \dot{e}_{\mathrm{c}}^{i}(t)-\dot{e}_{\mathrm{f}}^{i}(t)<0 \\ c_{\mathrm{ulin}}^{i}\left[\dot{e}_{\mathrm{c}}^{i}(t)-\dot{e}_{\mathrm{f}}^{i}(t)\right]-c_{\mathrm{unon}}^{i}\left[\frac{e_{\mathrm{c}}^{i}(t)-e_{\mathrm{f}}^{i}(t)}{e_{0}^{i}}\right]^{2}\left[\dot{e}_{\mathrm{c}}^{i}(t)-\dot{e}_{\mathrm{f}}^{i}(t)\right], & \dot{e}_{\mathrm{c}}^{i}(t)-\dot{e}_{\mathrm{f}}^{i}(t) \geqslant 0\end{cases} \tag{5-76}$$

不考虑车架的转动输入，且假设4个隔振器与车架的连接端处的输入均相同，即 $e_{\mathrm{f}}^{i}(t)=u_{\mathrm{f}}(t)$，其中 $u_{\mathrm{f}}(t)$ 是车架的输入位移，于是，当只有垂直输入时，方程式（5-76）可以写为：

$$F_{\mathrm{m}}^{i}(t)=-k_{i}\left[e_{\mathrm{c}}^{i}(t)-u_{\mathrm{f}}(t)\right]-$$

$$\begin{cases}c_{\mathrm{dlin}}^{i}\left[\dot{e}_{\mathrm{c}}^{i}(t)-\dot{u}_{\mathrm{f}}(t)\right], & \dot{e}_{\mathrm{c}}^{i}(t)-\dot{u}_{\mathrm{f}}(t)<0 \\ c_{\mathrm{ulin}}^{i}\left[\dot{e}_{\mathrm{c}}^{i}(t)-\dot{u}_{\mathrm{f}}(t)\right]-c_{\mathrm{unon}}^{i}\left[\frac{e_{\mathrm{c}}^{i}(t)-u_{\mathrm{f}}(t)}{e_{0}^{i}}\right]^{2}\left[\dot{e}_{\mathrm{c}}^{i}(t)-\dot{u}_{\mathrm{f}}(t)\right], & \dot{e}_{\mathrm{c}}^{i}(t)-\dot{u}_{\mathrm{f}}(t) \geqslant 0\end{cases} \tag{5-77}$$

5.3.2　驾驶室隔振系统建模

一般来说，工程机械或者非公路车辆驾驶室的惯性积比转动惯量要小得多，因此动力学分析时可以忽略。如周长峰[210]对一种铰接式自卸车动力学的研究、Pazooki 等人[211-212]对一种集材拖拉机动力学研究，以及 Kordestani 等人[213-214]对一种振动压路机的研究，建模时均采用了平面模型而忽略了惯性积的影响。本节中驾驶室转动惯量大约是惯性积的 30~50 倍，所以对于图 5-17 所示的 3 自由度悬挂式驾驶室隔振系统，可以采用以下方程组描述其动态特性：

$$m_c\ddot{z} - \sum_{i=1}^{4} F_m^i = 0 \tag{5-78}$$

$$I_r\ddot{\alpha} - l_{r1}(F_m^1 + F_m^2) + l_{r2}(F_m^3 + F_m^4) = 0 \tag{5-79}$$

$$I_p\ddot{\beta} + l_{p1}(F_m^2 + F_m^4) - l_{p2}(F_m^1 + F_m^3) = 0 \tag{5-80}$$

式中，$\ddot{z}$、$\ddot{\alpha}$ 和 $\ddot{\beta}$ 分别表示 3 个自由度的加速度；m_c 是驾驶室质量；I_r 和 I_p 分别是驾驶室关于倾侧平面和俯仰平面的转动惯量；l_{r1}、l_{r2}、l_{p1} 和 l_{p2} 分别是驾驶室质心距左端、右端、前端和后端隔振器的距离。

式（5-78）~式（5-80）中的力 $F_m^i(i=1,\ 2,\ 3,\ 4)$ 在式（5-77）中给出，其中 4 个隔振器与驾驶室连接端的位移分别为 $e_c^1 = z + l_{r1}\alpha + l_{p2}\beta$、$e_c^2 = z + l_{r1}\alpha - l_{p1}\beta$、$e_c^3 = z - l_{r2}\alpha + l_{p2}\beta$、$e_c^4 = z - l_{r2}\alpha - l_{p1}\beta$。

对于瞬态激励，理论上，当脉冲激励持续时间 T 比隔离系统的自然周期 T_n 短得多时，一般为 $T<\frac{1}{2}T_n$，即只要脉冲速度远快于响应速度，就认为脉冲可以代表冲击激励[215]。本章采用一种常用的基础位移冲击激励——正矢脉冲[216]，作为车架上的瞬态激励：

$$u_f(t) = \begin{cases} \frac{1}{2}u_{fmax}\left(1 - \cos\frac{2\pi t}{t_0}\right) & 0 \leqslant t \leqslant T \\ 0 & t > T \end{cases} \tag{5-81}$$

式中，u_{fmax} 是脉冲的振幅；T 是脉冲的持续时间。

输入具有连续的导数特征，这样就保证了任何时刻系统都具有有限的加速度输入。图 5-18 所示为参数为 $u_{fmax}=30$ mm 和 $T=0.015$ s 的正矢位移激励，用于仿真计算中。设驾驶室采用 4 个相同的耦联隔振器支撑，考虑到硅油也具有一定的刚度，这里取刚度值 $k_i = 1.0 \times 10^6$ N/m$(i = 1,\ 2,\ 3,\ 4)$，根据公式 $T_n = \frac{1}{f_n} = 2\pi\sqrt{\frac{m_c}{\sum_{i=1}^{4}k_i}}$，求得自然周期大概为 $T_n \approx 0.065$ s，与冲击激励的持续时间之比 $\frac{T_n}{T} \approx 4.3$。

5.3.3　位移相关的三次方阻尼特性对驾驶室瞬态响应的影响

根据式（5-76），c_{unon} 和 e_0 是决定位移相关的三次方非线性阻尼特性的两个

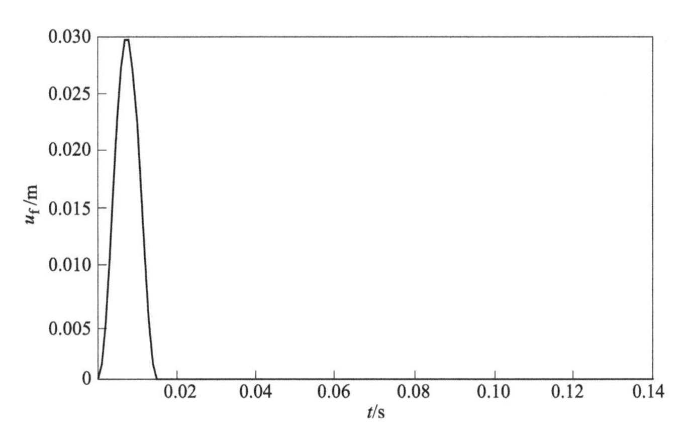

图 5-18 瞬态位移激励时域图

重要参数。本节中，首先不考虑隔振器的分段阻尼特性，假设作用力 F_m^i 只具有三次方非线性阻尼特性，即

$$F_m^i(t) = -k_i[e_c^i(t) - e_f^i(t)] - c_{lin}^i[\dot{e}_c^i(t) - \dot{e}_f^i(t)] - c_{non}^i\left[\frac{e_c^i(t) - e_f^i(t)}{e_0^i}\right]^2[\dot{e}_c^i(t) - \dot{e}_f^i(t)] \tag{5-82}$$

以上方程中的阻尼力项可以描述如 Jazar 和 Golnaraghi[217] 研究的发动机液阻悬置产生的阻尼力。将此方程代入方程式（5-78）~式（5-80），先取参数 e_0 为定值 3 mm，通过改变 c_{non}的值来改变三次方阻尼力的大小，从而考察三次方非线性阻尼特性对驾驶室瞬态响应的影响。

使用表 5-1 中列出的仿真参数，并令参数 $c_{non}^i(i=1, 2, 3)$ 分别取 0 N · s/m（即线性阻尼情况）、0.5×10³ N · s/m 和 5×10³ N · s/m，进行仿真计算并作对比分析。采用四阶龙格-库塔法求解互相耦合的运动微分方程式（5-78）~式（5-80），以获得 3 自由度驾驶室隔振系统中驾驶室质心 O 的位移和速度响应。之后将位移和速度值代入方程式（5-78）~式（5-80）中求得质心 O 的加速度响应。由于车架上没有转动输入，因此驾驶室质心处的俯仰和倾侧位移响应即为驾驶室和车架的相对俯仰和倾侧位移。仿真计算中系统的初始条件设为零，即驾驶室隔振系统从静态平衡位置开始运动。

表 5-1 数值仿真参数

参数	数值	参数	数值
m_c/kg	845	e_0^i/m	3×10^{-3}
I_r/kg · m²	316.0	l_{r1}/m	313×10^{-3}
I_p/kg · m²	376.2	l_{r2}/m	355×10^{-3}
k_i/N · m⁻¹	2000×10^3	l_{p1}/m	606×10^{-3}
c_{lin}^i/N · s · m⁻¹	35×10^3	l_{p2}/m	654×10^{-3}

图 5-19 和图 5-20 分别给出 c_{non}^{i} 取不同值时驾驶室隔振系统在垂直、倾侧和俯

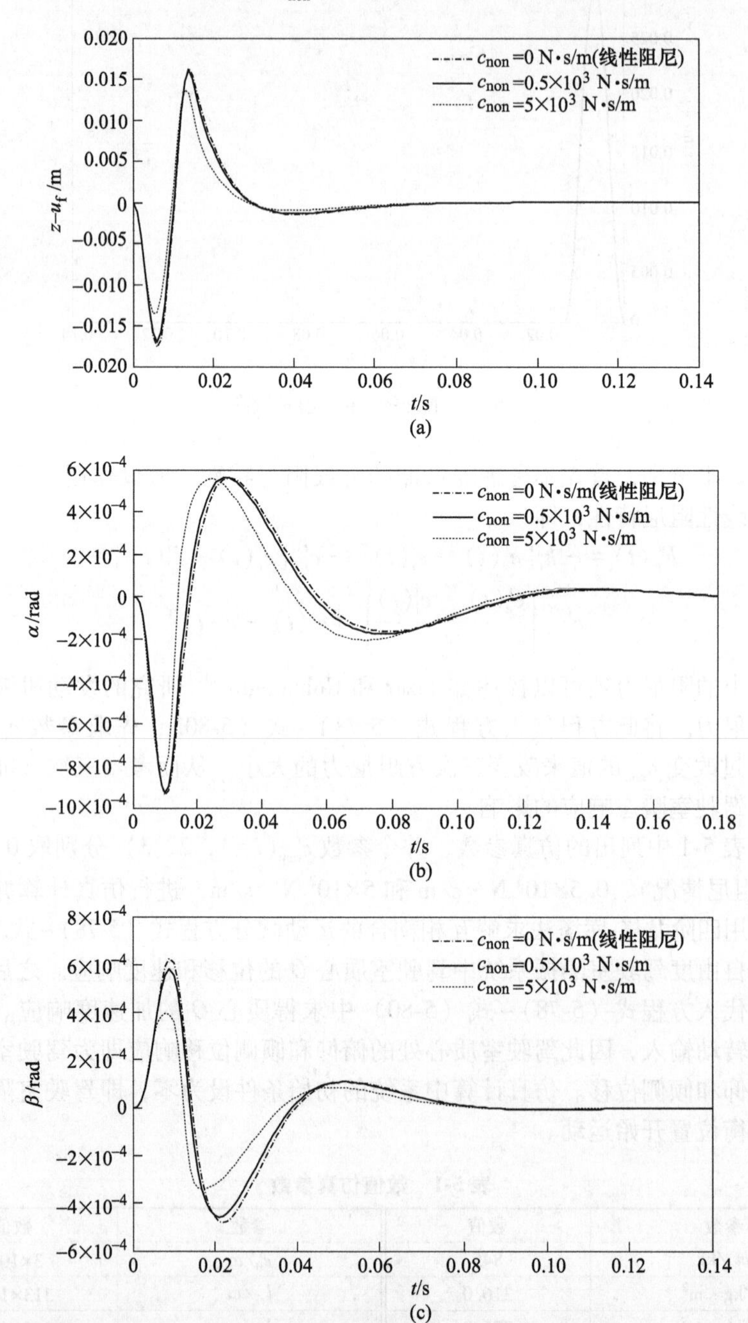

图 5-19　3 自由度驾驶室隔振系统相对位移瞬态响应对比

（a）垂直方向；（b）倾侧方向；（c）俯仰方向

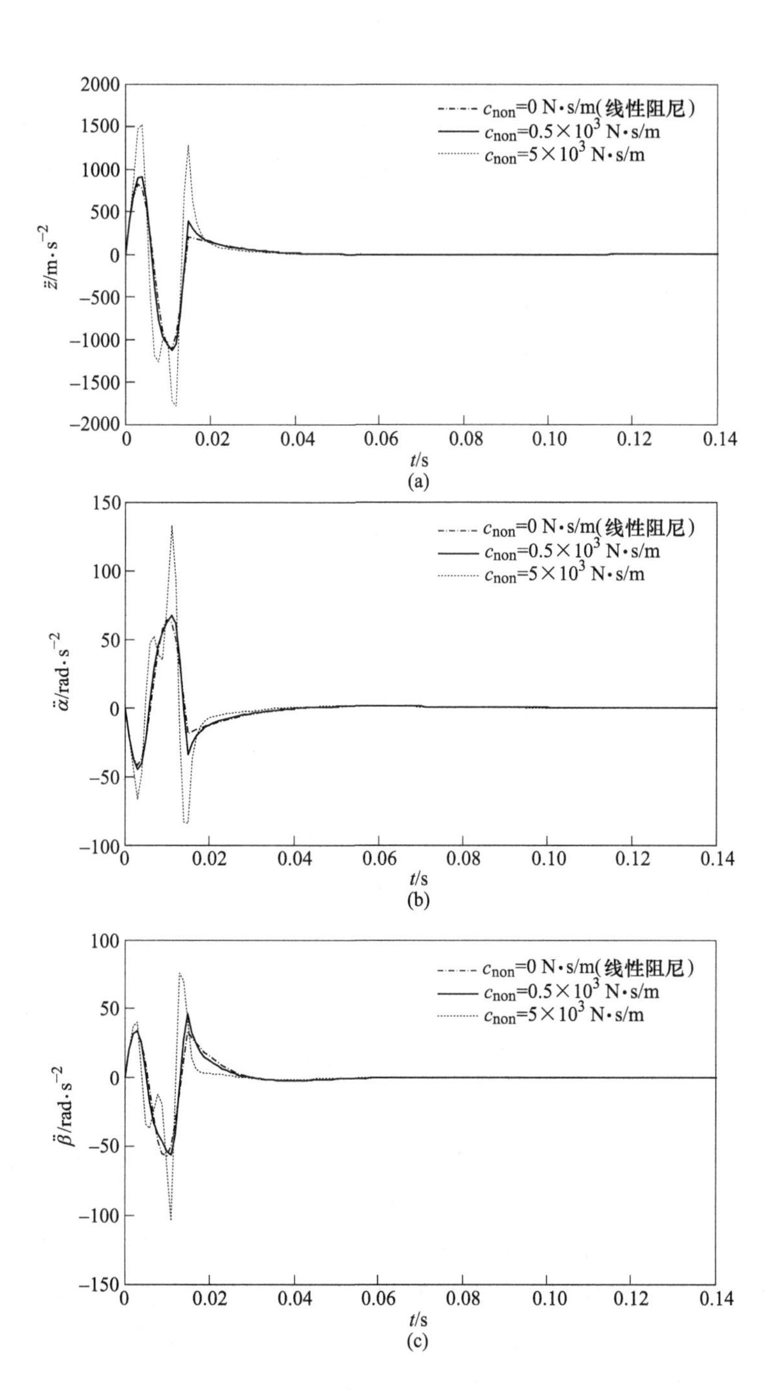

图 5-20 3自由度驾驶室隔振系统驾驶室质心加速度瞬态响应对比
(a) 垂直方向；(b) 倾侧方向；(c) 俯仰方向

仰 3 个自由度的瞬态相对位移响应和驾驶室质心加速度响应曲线。对比图 5-19 所示的三种情况下驾驶室隔振系统受到冲击激励时的相对位移响应特性，可以得到，与线性阻尼悬置比较，非线性悬置能够产生较小的第一和第二峰值，而且非线性阻尼系数越大峰值越小，从这方面来看，具有非线性阻尼的液阻悬置优于线性悬置。然而，对于图 5-19（b）所示的倾侧自由度的位移响应，非线性阻尼系数越大，倾侧振动的持续时间相对越长。对比图 5-20 所示的 3 个自由度的质心加速度响应，结果表明，在脉冲激励瞬间，非线性悬置总会带来比线性悬置更高的响应峰值，而且非线性阻尼越大，峰值越高。此外，在第二个峰值瞬间以及冲击激励结束瞬间，过大的三次方非线性阻尼力会造成加速度响应的猛烈跳动，也就是引起较大的加速度变化率，这将对人体舒适性产生不利影响，是不希望出现的情况。

而对于参数 e_0^i，当给定非线性阻尼系数 c_{non}^i 时，由于非线性阻尼力随着 e_0^i 的减小而增大，因此 e_0^i 值较小时，与以上分析的 c_{non}^i 值越大时的响应特性相同，e_0^i 值越大时，非线性阻尼力越小，响应越接近线性阻尼的情况，这里不再做过多的举例。

以上分析表明，与线性系统比较，三次方阻尼力对相对位移响应和加速度响应的影响是相反的。非线性阻尼力越大时，虽然会减小驾驶室和车架间的相对位移以及驾驶室质心的俯仰位移，但是会带来更大的驾驶室质心加速度响应，而且激励结束瞬间会引起较大的加速度变化率，因此从乘坐舒适性这一评价指标来看，与位移相关的三次方阻尼力将带来负面效果。

5.3.4 含三次方阻尼的分段非线性阻尼特性对驾驶室瞬态响应的影响

在上一节的研究基础上，本节进一步讨论当隔振器具有如式（5-77）所描述的分段阻尼特性时，图 5-17 所示的采用 4 个相同隔振器支撑的 3 自由度驾驶室隔振系统的瞬态响应特性。

仿真分析中，驾驶室的质量特性参数、隔振器的安装位置相对于驾驶室质心的尺寸参数以及隔振器的刚度参数等取值仍然按照表 5-1，参数 e_0^i 仍然设定为3 mm，在此基础上，通过改变式（5-77）中的阻尼系数，讨论驾驶室的瞬态响应特性。采用与上一节相同的数值方法和求解过程对运动微分方程式（5-78）~式（5-80）进行求解，以获得 3 个自由度的驾驶室和车架之间的相对位移和驾驶室质心加速度的瞬态响应，来考察驾驶室隔振系统抵抗冲击的性能。

如表 5-2 给出的阻尼参数值，在分段阻尼系统中，设定隔振器压缩和拉伸行程的线性阻尼系数之比约为0.5。分别对隔振器设置为线性阻尼、线性分段阻尼以及含三次方阻尼项的分段阻尼三种情况，仿真结果如图5-21和图5-22所示，可以得到。

表5-2 三种不同情况的阻尼参数仿真值 (N · s/m)

阻尼参数	Case 1（线性阻尼）	Case 2（线性分段阻尼）	Case 3（含三次方项的分段阻尼）
c_{dlin}^{i}	35×10³	17×10³	17×10³
c_{ulin}^{i}	35×10³	35×10³	35×10³
c_{unon}^{i}	0	0	0.5×10³

（1）比较图5-21（a）所示的垂直方向相对位移响应的三种情况，分段阻尼的两种情况虽然比线性阻尼系统具有较大的第一峰值，但是具有更小的第二峰值，两个分段阻尼驾驶室系统的相对位移响应峰峰值均小于线性阻尼系统；而且，分段阻尼在所含三次方阻尼力较小的情况下（见图5-21中的虚线），垂直位移响应的峰峰值更小一些。

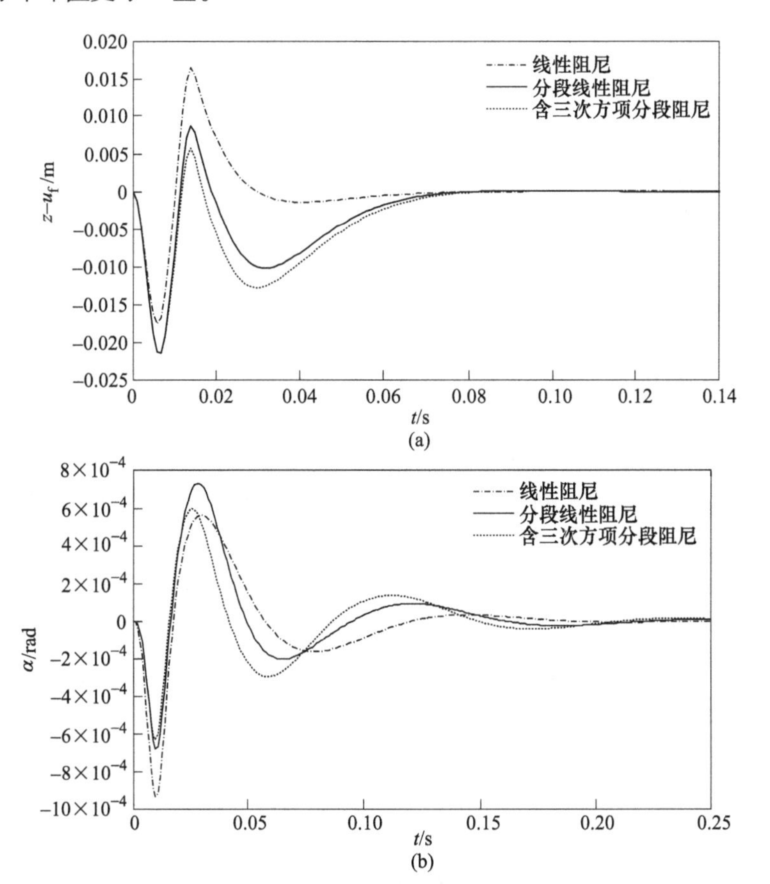

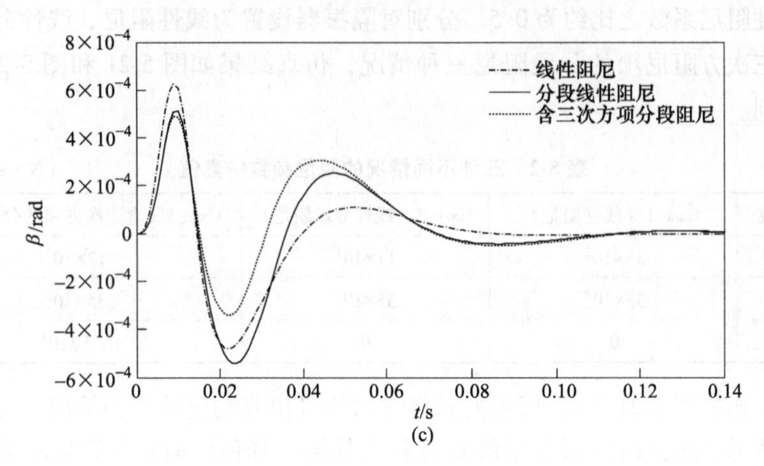

图 5-21 隔振器分别具有三种情况阻尼特性的 3 自由度驾驶室隔振系统相对位移瞬态响应对比

（a）垂直方向；（b）倾侧方向；（c）俯仰方向

（2）在图 5-21（b）、（c）所示的两种晃动情况下，线性分段阻尼引起了比线性阻尼更大的第二峰值，但是两个分段阻尼驾驶室系统的第一峰值均小于线性系统，而且分段阻尼的两种情况均具有较小的相对位移响应峰峰值，其中含三次方项的分段阻尼系统的位移峰峰值更小。

（3）在 3 个自由度的相对位移响应曲线中，分段阻尼的两种情况下驾驶室系统振动的时间均较长一些，尤其是倾侧自由度的相对位移响应持续的时间更长。

根据图 5-22 所示的 3 个自由度的驾驶室质心加速度瞬态响应曲线，可以得到：

（1）对于 3 个自由度的质心加速度响应，线性分段阻尼可以带来比线性阻尼更小的第一峰值和第二峰值；而且当隔振器在拉伸阶段具有适当的与位移相关的三次方阻尼时，在垂直方向的加速度响应峰值不会受太大影响的同时，可以适当减小倾侧和俯仰两个自由度加速度响应的第二峰值。

（2）具有分段阻尼的两种驾驶室隔振系统中，在冲击激励结束瞬间，加速度响应的变化率也没有线性阻尼系统中那么大。

由以上对图 5-21 和图 5-22 所示结果的对比分析，可以得到，在隔振器具有拉伸阶段比压缩阶段阻尼力大的分段阻尼特性时，与线性阻尼比较，在垂直、倾侧和俯仰 3 个自由度，分段阻尼均可以带来更小的驾驶室和车架之间相对位移响应的峰峰值；而且分段阻尼可以减小驾驶室质心位置 3 个自由度的加速度响应峰值，同时，在冲击激励结束瞬间，分段阻尼系统的加速度响应不会出现像线性系统那么大的变化率。

此外，与前一节的结果比较，虽然与位移相关的三次方阻尼总会带来较小的驾驶室和车架间的相对位移响应以及更大的驾驶室质心加速度响应，但是分段阻

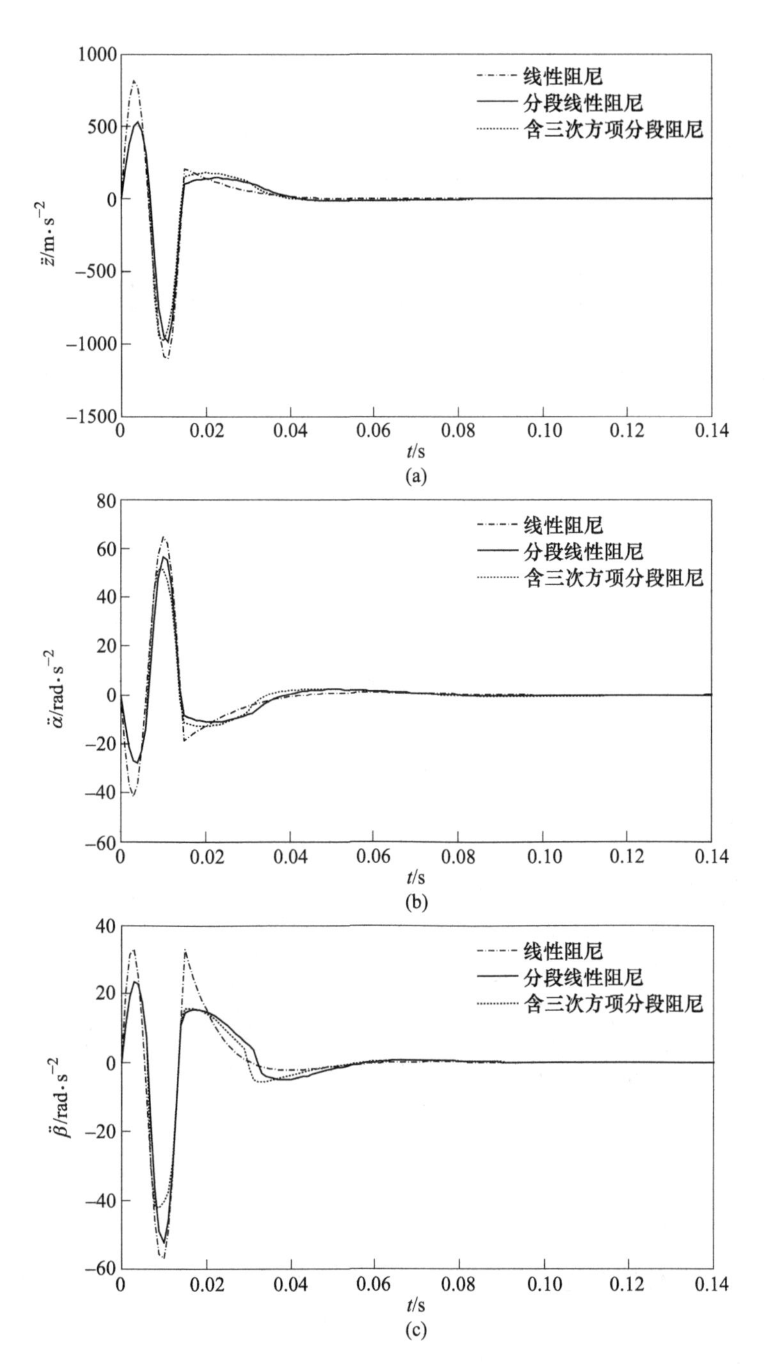

图 5-22 隔振器分别具有三种情况阻尼特性的 3 自由度驾驶室隔振系统驾驶室质心加速度瞬态响应对比

(a) 垂直方向；(b) 倾侧方向；(c) 俯仰方向

尼在隔振器拉伸阶段含有这样的三次方阻尼，而且其值大小适当的情况下，相对于线性分段阻尼，不仅可以进一步减小相对位移响应的峰峰值，而且可以在垂直方向质心加速度响应变化不大的同时，减小倾侧和俯仰自由度的质心加速度响应的第二峰值。因此，隔振器在具有较为合理的拉伸和压缩分段阻尼力比例时，可以有效提高驾驶室隔振系统的抗冲击性能。

5.4 某挖掘机驾驶室隔振系统现场测试[177]

某中型履带式液压挖掘机驾驶室采用耦联隔振器作为减振悬置，如图 5-23 所示，在驾驶室和车架之间的平面内布置 5 个规格完全相同的耦联隔振器，其中驾驶室底板的前后两端各均匀地安装两个隔振器，为了提高驾驶室的稳定性，在 4 个隔振器安装平面的中心位置再安装 1 个隔振器。本节对该挖掘机驾驶室隔振系统的振动特性进行实地测试，以考察隔振器的隔振隔冲性能。

图 5-23 挖掘机驾驶室隔振系统振动测试现场（传感器位于前端隔振器）

5.4.1 测试仪器与测试方法

测试仪器与传感器为：美国 LDS 公司的 8 通道输入 Focus Ⅱ实时动态信号分析仪，以及两个美国 PCB 公司的 ICP 型三向加速度传感器。

挖掘机分别在定置和动态两种实验条件下运转。定置实验条件为：发动机以额定转速空负荷运转，各工作装置均不运动[218]。动态实验条件为：挖掘机模拟实际反铲工作情况运行，机身固定不动，反铲装置循环运转，模拟挖沟并将物料卸在沟边[219]。整个工作过程包括挖掘、满斗举升回转、卸载、空斗返回等，这些动作都会产生不同程度的冲击激励。

受测试仪器通道的限制，测试时分两次分别对左侧的前端和后端两处隔振器上下端（即隔振器分别与驾驶室底板和车架的连接处）的振动信号进行采样，获得每个隔振器上下两端三个互相垂直方向的加速度信号。采样频率设为 675 Hz，采样点数为 512。

5.4.2　测试结果分析

测试主要对隔振器两端垂直方向的振动信号进行分析。图 5-24 所示为只有发动机以额定转速运转时（定置试验条件），两隔振器上下端驾驶室底板和车架的加速度时域信号。由图可以看到，车架的激励信号比较平稳并具有一定的周期

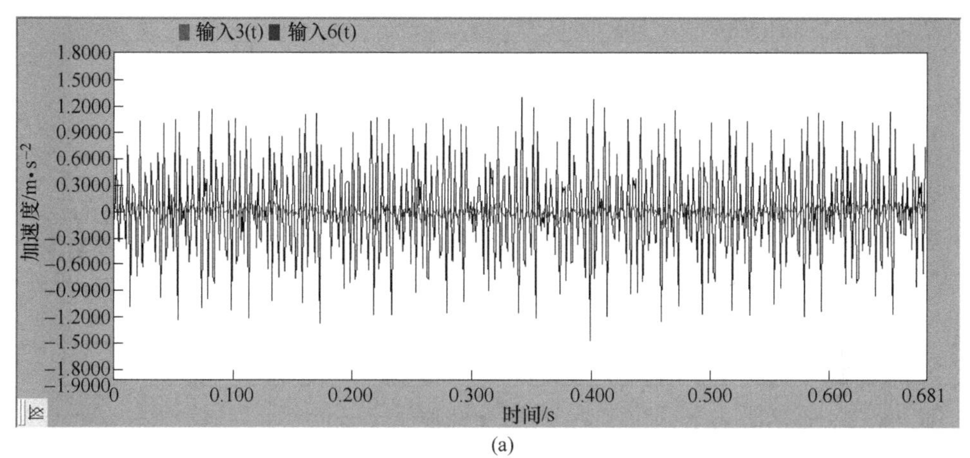

(a)

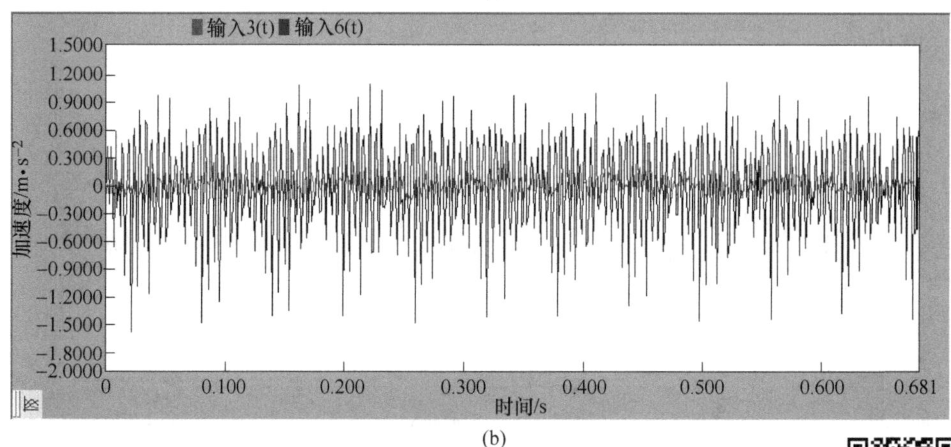

(b)

图 5-24　定置条件下两个驾驶室隔振器上下端垂直方向加速度时域信号
（a）前端隔振器；（b）后端隔振器
输入 3（t）—驾驶室底板；输入 6（t）—车架

彩图

性，而且传递到驾驶室底板的振动明显减小，表明隔振器具有较好的隔振特性。图 5-25 和图 5-26 所示为模拟挖掘过程中两隔振器上下端分别在其测试的两个不同时间段的加速度时域信号，模拟挖掘工作状态属于履带式液压挖掘机的动态试验条件（发动机仍以额定转速运转），车架上的激励除了来自发动机以外，还有动臂工作过程中传递的激励。从图中可以看到，车架上会有明显的冲击激励，有时还会出现连续冲击。对比驾驶室底板和车架的加速度信号，可以得到液阻悬置对减小冲击振动具有较明显的作用。这与隔振器能够产生较大的阻尼力是密切相关的，而且第 3. 2 节的实验研究表明隔振器呈现出拉伸阶段比压缩阶段产生更大阻尼力的分段阻尼特性，从第 5. 3 节的隔振系统瞬态响应分析可得，相比于线性阻尼，这样的阻尼特性具有更好的抗冲击性能。

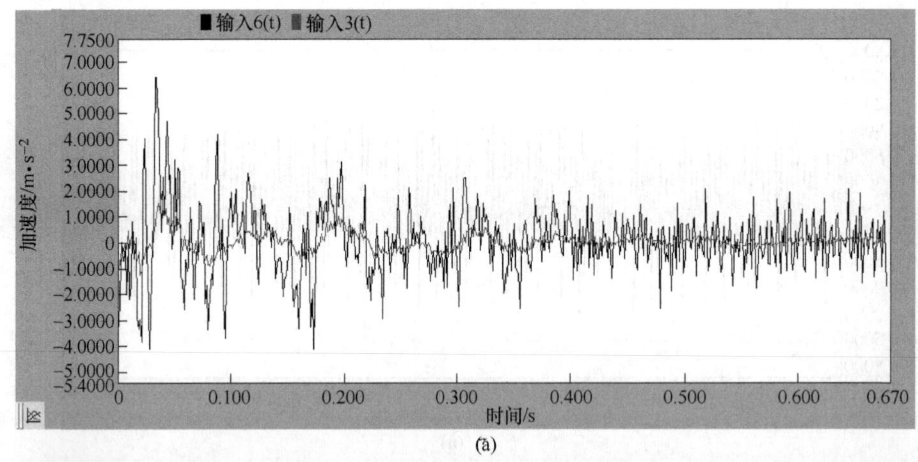

(a)

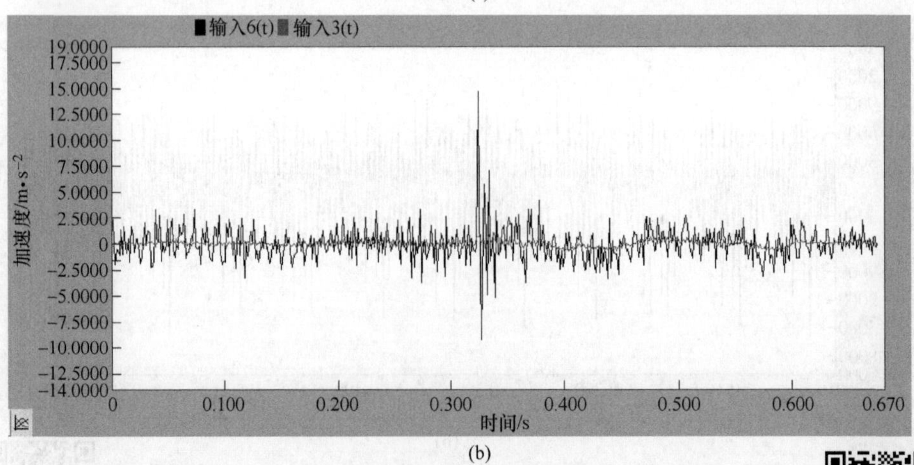

(b)

图 5-25　动态条件下驾驶室前端隔振器上下端垂直方向加速度时域信号

(a) 时间段 1；(b) 时间段 2

输入 3（t）—驾驶室底板；输入 6（t）—车架

彩图

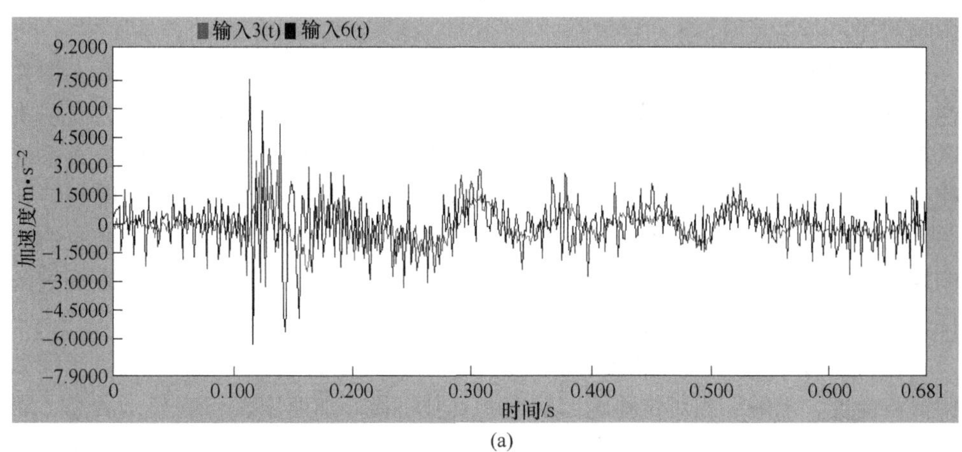

(a)

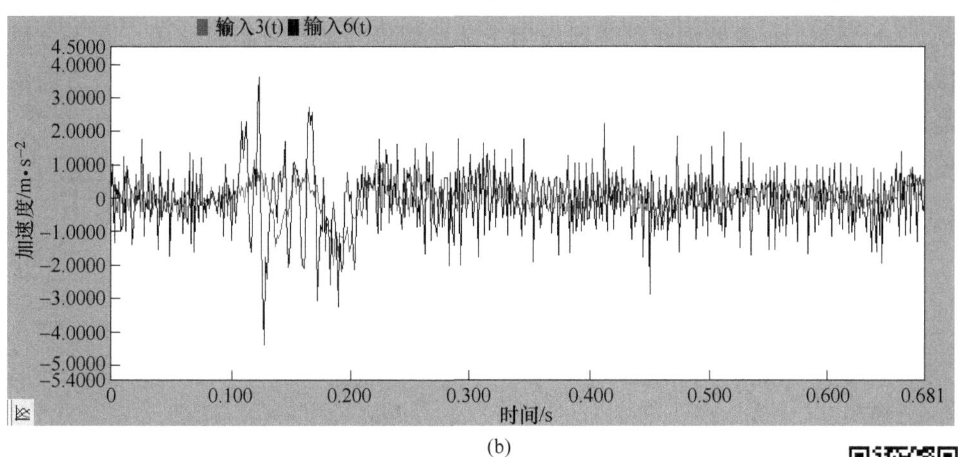

(b)

图 5-26　动态条件下驾驶室后端隔振器上下端垂直方向加速度时域信号

（a）时间段 1；（b）时间段 2

输入 3（t）—驾驶室底板；输入 6（t）—车架

彩图

5.5 小　结

由前面的实验和建模研究可知，硅油-橡胶耦联隔振器具有明显的频率和振幅依赖非线性特性，主要来源于硅油部分以及液体和固体的耦合作用，本章通过研究隔振系统的动力学性能以及隔振器参数对系统性能的影响规律，对隔振器参数设计进行进一步讨论。本章的主要内容总结如下：

（1）分数阶导数五参数模型能够较好地描述硅油-橡胶耦联隔振器的频率依赖特性，因此建立具有分数阶导数 Zener 模型的单自由度隔振系统，对其进行无量纲化后，在频域内推导了系统的频响函数，从而获得了动态放大因子、相位角以及力传递率等系统性能指标，结果分析了阻尼比和分数阶数对这些性能指标的影响规律。

（2）耦联隔振器具有软弹簧非线性特性，一定程度上可以通过 Duffing 型弹性力进行描述，而 Duffing 振子具有分岔等非线性特性，幅频特性曲线会出现跳跃现象。第 5.2 节中建立了具有对称限位缓冲器的 Duffing 型单自由度悬架系统模型，对模型进行了无量纲化处理，采用多尺度法推导了模型的主共振幅频特性关系表达式，并进行稳定性分析。结果分析了限位缓冲器参数对主共振响应的影响规律，并通过计算上跳跃点，确定了通过设计对称限位缓冲器来避免跳跃的条件，最后分析了绝对加速度响应特性。

（3）建立 3 自由度土方机械驾驶室隔振系统动力学模型，包括垂直、倾侧和俯仰自由度，求解了相对位移瞬态响应和驾驶室质心加速度瞬态响应，研究了隔振器在大振幅下具有的分段阻尼非线性对系统瞬态响应特性的影响规律。

（4）将硅油-橡胶耦联隔振器应用于某挖掘机驾驶室悬架系统中，在土方机械定置实验和动态实验条件下，进行现场原位测试，分析了隔振器在垂直方向的隔振和抗冲击性能。

参考文献

[1] 武珅，杨卫东．旋翼液弹阻尼器的设计分析与试验［J］. 噪声与振动控制，2012，32（4）：173-177.

[2] 伍魏明，朱如鹏，李苗苗，等．环形橡胶-硅油组合式减振器静态刚度特性研究［J］. 机械制造与自动化，2019，48（5）：93-96.

[3] 高浩文．复合式曲轴扭转减振器的减振性能研究［D］. 芜湖：安徽工程大学，2018.

[4] Higuchi T，Miyaki K. Work machine with operator's cabin：U. S. Patent 5984036［P］. 1999.

[5] Sun X，Thompson D. Measurement，modelling and analysis of the dynamic properties of resilient elements used for vibration isolation［J］. ASME Journal of Vibration and Acoustics，2023，145（6）：060801.

[6] 杨郁敏．基于分数阶微分本构理论的硅油橡胶隔振器低频动态特性建模与分析［D］. 太原：太原科技大学，2022.

[7] Mark J E，Erman B，Roland M. The science and technology of rubber［M］. New York：Academic Press，2013.

[8] Penas R，Balmes E，Gaudin A. A unified non-linear system model view of hyperelasticity，viscoelasticity and hysteresis exhibited by rubber［J］. Mechanical Systems and Signal Processing，2022，170：108793.

[9] 何平笙．高聚物的力学性能［M］. 2 版．合肥：中国科学技术大学出版社，2008.

[10] 伍魏明．环形橡胶-硅油组合式减振器刚度与阻尼特性研究［D］. 南京：南京航天航空大学，2018.

[11] 孙庆鸿，张启军，姚慧珠．振动与噪声的阻尼控制［M］. 北京：机械工业出版社，1993.

[12] Ibrahim R A. Recent advances in nonlinear passive vibration isolators［J］. Journal of Sound and Vibration，2008，314（3/4/5）：371-452.

[13]（美）Baz A M. 主动式和被动式阻尼减振技术［M］. 舒海生，黄国权，牟迪，等译．北京：国防工业出版社，2022.

[14] Muhr A H. Modeling the stress-strain behavior of rubber［J］. Rubber Chemistry and Technology，2005，78（3）：391-425.

[15] Carleo F，Barbieri E，Whear R，et al. Limitations of viscoelastic constitutive models for carbon-black reinforced rubber in medium dynamic strains and medium strain rates［J］. Polymers，2018，10（9）：988.

[16] Diani J，Fayolle B，Gilormini P. A review on the Mullins effect［J］. European Polymer Journal，2009，45：601-612.

[17] Jiao S，Tian J，Zheng H，et al. Modeling of a hydraulic damper with shear thinning fluid for damping mechanism analysis［J］. Journal of Vibration and Control，2017，23（20）：3365-3376.

[18] Syrakos A，Dimakopoulos Y，Tsamopoulos J. Theoretical study of the flow in a fluid damper containing high viscosity silicone oil：effects of shear-thinning and viscoelasticity［J］. Physics

Fluids, 2018, 30: 030708.

[19] 李思梁. 波纹管式流体阻尼隔振器动力学参数研究［D］. 哈尔滨：哈尔滨工业大学，2016.

[20] Alonso A, Gil-Negrete N, Nieto J, et al. Development of a rubber component model suitable for being implemented in railway dynamic simulation programs [J]. Journal of Sound and Vibration, 2013, 332 (12): 3032-3048.

[21] Li Q, Dai B, Zhu Z, et al. Improved indirect measurement of the dynamic stiffness of a rail fastener and its dependence on load and frequency [J]. Construction and Building Materials, 2021, 304: 124588.

[22] Makris N, Constantinou M C. Fractional-derivative Maxwell model for viscous dampers [J]. Journal of Structural Engineering, 1991, 117 (9): 2708-2724.

[23] Makris N. Theoretical and experimental investigation of viscous dampers in applications of seismic and vibration Isolation [D]. Buffalo: State University of New York, 1992.

[24] Oregui M, de Man A, Woldekidan M F, et al. Obtaining railpad properties via dynamic mechanical analysis [J]. Journal of Sound and Vibration, 2016, 363: 460-472.

[25] Feng X, Xu P, Zhang Y. Filled Rubber Isolator's Constitutive Model and Application Vehicle Multi-Body System Simulation: A Literature Review [J]. SAE International Journal of Vehicle Dynamics, Stability, and NVH, 2018, 2 (2): 101-119.

[26] Zhang J, Richards C M. Parameter identification of analytical and experimental rubber isolators represented by Maxwell models [J]. Mechanical Systems and Signal Processing, 2007, 21 (7): 2814-2832.

[27] Sjöberg M. Rubber isolators-Measurement and modelling using fractional derivatives and friction [J]. SAE Transactions Paper, 2000-01-3518, 2000.

[28] Singh M P, Chang T S. Seismic analysis of structures with viscoelastic dampers [J]. Journal of Engineering Mechanics, 2009, 135 (6): 571-580.

[29] David S A, Linares J L, Pallone E M J A. Fractional order calculus: historical apologia, basic concepts and some applications [J]. Revista Brasileira de Ensino de Física, 2011, 33 (4): 4302.

[30] Almeida R. A Caputo fractional derivative of a function with respect to another function [J]. Communications in Nonlinear Science and Numerical Simulation, 2017, 44: 460-481.

[31] Fredette L, Singh R. Estimation of the transient response of a tuned, fractionally damped elastomeric isolator [J]. Journal of Sound and Vibration, 2016, 382: 1-12.

[32] Sjöberg M, Kari L. Non-linear behavior of a rubber isolator system using fractional derivatives [J]. Vehicle System Dynamics, 2002, 37 (3): 217-236.

[33] Sjöberg M, Kari L. Nonlinear isolator dynamics at finite deformations: an effective hyperelastic, fractional derivative, generalized friction model [J]. Nonlinear Dynamics, 2003, 33 (3): 323-336.

[34] Sun X, Yang Y, Fu Q, et al. Time fractional calculus for liquid-path dynamic modelling of an isolator with a rubber element and high-viscosity silicone oil at low frequency [J]. Meccanica,

2022, 57: 2849-2861.

[35] Fredette L, Singh R. Effect of fractionally damped compliance elements on amplitude sensitive dynamic stiffness predictions of a hydraulic bushing [J]. Mechanical Systems and Signal Processing, 2018, 112: 129-146.

[36] Yang F, Wang P, Wei K, et al. Investigation on nonlinear and fractional derivative Zener model of coupled vehicle-track system [J]. Vehicle System Dynamics, 2020, 58 (6): 864-889.

[37] Snowdon J C. Vibration and shock in damped mechanical systems [M]. New York: John Wiley & Sons, 1968.

[38] Lee J, Thompson D J. Dynamic stiffness formulation, free vibration and wave motion of helical springs [J]. Journal of Sound and Vibration, 2001, 239: 297-320.

[39] Noll S A, Joodi B, Dreyer J, et al. Volumetric and dynamic performance considerations of elastomeric components [J]. SAE International Journal of Materials and Manufacturing, 2015, 8 (3): 953-959.

[40] Liu X, Thompson D, Squicciarini G, et al. Measurements and modelling of dynamic stiffness of a railway vehicle primary suspension element and its use in a structure-borne noise transmission model [J]. Applied Acoustics, 2021, 182: 108232.

[41] Dickens J D. Dynamic characterisation of vibration isolators [D]. Sydney: University of New South Wales, 1998.

[42] Harrison M, Sykes A O, Martin M. Wave effects in isolation mounts [J]. The Journal of the Acoustical Society of America, 1952, 24 (1): 62-71.

[43] Du Y, Burdisso R A, Nikolaidis E, et al. Effects of isolators internal resonances on force transmissibility and radiated noise [J]. Journal of Sound and Vibration, 2003, 268 (4): 751-778.

[44] Kim S, Singh R. Multi-dimensional characterization of vibration isolators over a wide range of frequencies [J]. Journal of Sound and Vibration, 2001, 245 (5): 877-913.

[45] Pearson D, Wittrick W H. An exact solution for the vibration of helical springs using a Bernoulli-Euler model [J]. International Journal of Mechanical Sciences, 1986, 28 (2): 83-96.

[46] Gardonio P, Elliott S J. Passive and active isolation of structural vibration transmission between two plates connected by a set of mounts [J]. Journal of Sound and Vibration, 2000, 237 (3): 483-511.

[47] Gardonio P, Elliott S J, Pinnington R J. Active isolation of structural vibration on a multiple-degree-of-freedom system, part I: the dynamics of the system [J]. Journal of Sound and Vibration, 1997, 207 (1): 61-93.

[48] Kim S, Singh R. Vibration transmission through an isolator modelled by continuous system theory [J]. Journal of Sound and Vibration, 2001, 248 (5): 925-953.

[49] Fredette L, Singh R. High frequency, multi-axis dynamic stiffness analysis of a fractionally damped elastomeric isolator using continuous system theory [J]. Journal of Sound and Vibration,

2017, 389: 468-483.

[50] Kari L. On the waveguide modelling of dynamic stiffness of cylindrical vibration isolators. Part Ⅰ: The model, solution and experimental comparison [J]. Journal of Sound and Vibration, 2001, 244 (2): 211-233.

[51] Kari L. On the waveguide modelling of dynamic stiffness of cylindrical vibration isolators. Part Ⅱ: The dispersion relation solution, convergence analysis and comparison with simple models [J]. Journal of Sound and Vibration, 2001, 244 (2): 235-257.

[52] Östberg M, Kari L. Transverse, tilting and cross-coupling stiffness of cylindrical rubber isolators in the audible frequency range—The wave-guide solution [J]. Journal of Sound and Vibration, 2011, 330 (13): 3222-3244.

[53] Coja M, Kari L. Using Waveguides to Model the Dynamic Stiffness of Pre-Compressed Natural Rubber Vibration Isolators [J]. Polymers, 2021, 13 (11): 1703.

[54] Östberg M, Coja M, Kari L. Dynamic stiffness of hollowed cylindrical rubber vibration isolators—The wave-guide solution [J]. International Journal of Solids and Structures, 2013, 50 (10): 1791-1811.

[55] Harris J, Stevenson A. On the role of non-linearity in the dynamic behaviour of rubber components [J]. International Journal of Vehicle Design, 1987, 8 (4/5/6): 553-577.

[56] de Brett M, Butlin T, Andrade L, et al. Experimental investigation into the role of nonlinear suspension behaviour in limiting feedforward road noise cancellation [J]. Journal of Sound and Vibration, 2022, 516: 116532.

[57] Berg M. A model for rubber springs in the dynamic analysis of rail vehicles [J]. Proceedings of the Institution of Mechanical Engineers, Part F: Journal of Rail and Rapid Transit, 1997, 211 (2): 95-108.

[58] Berg M. A non-linear rubber spring model for rail vehicle dynamics analysis [J]. Vehicle System Dynamics, 1998, 30 (3/4): 197-212.

[59] Jrad H, Renaud F, Dion J L, et al. Experimental characterization, modeling and parametric identification of the hysteretic friction behavior of viscoelastic joints [J]. International Journal of Applied Mechanics, 2013, 5 (2): 1350018.

[60] Hu J, Ren J, Zhe Z, et al. A pressure, amplitude and frequency dependent hybrid damping mechanical model of flexible joint [J]. Journal of Sound and Vibration, 2020, 471: 115173.

[61] Pintado P, Ramiro C, Berg M, et al. On the mechanical behavior of rubber springs for high speed rail vehicles [J]. Journal of Vibration and Control, 2018, 24 (20): 4676-4688.

[62] Gil-Negrete N, Vinolas J, Kari L. A nonlinear rubber material model combining fractional order viscoelasticity and amplitude dependent effects [J]. Journal of Applied Mechanics, 2009, 76 (1): 011009.

[63] Zhu S, Cai C, Spanos P D. A nonlinear and fractional derivative viscoelastic model for rail pads in the dynamic analysis of coupled vehicle-slab track systems [J]. Journal of Sound and Vibration, 2015, 335: 304-320.

[64] Gil-Negrete N, Vinolas J, Kari L. A simplified methodology to predict the dynamic stiffness of

carbon-black filled rubber isolators using a finite element code [J]. Journal of Sound and vibration, 2006, 296 (4/5): 757-776.

[65] Pu Y, Sumali H, Gaillard C L. Modeling of nonlinear elastomeric mounts. part 1: Dynamic testing and parameter identification [J]. SAE Technical Paper 2001-01-0042, 2001.

[66] Li H, Xu Z, Gomez D, et al. A Modified Fractional-Order Derivative Zener Model for Rubber-Like Devices for Structural Control [J]. Journal of Engineering Mechanics ASCE, 2022, 148 (1): 04021119.

[67] Xia E, Cao Z, Zhu X, et al. A modified dynamic stiffness calculation method of rubber isolator considering frequency, amplitude and preload dependency and its application in transfer path analysis of vehicle bodies [J]. Applied Acoustics, 2021, 175: 107780.

[68] 王锐. 橡胶隔振器动力学性能及设计方法研究 [D]. 武汉: 华中科技大学, 2007.

[69] Ye S, Hou L, Zhang P, et al. Transfer path analysis and its application in low-frequency vibration reduction of steering wheel of a passenger vehicle [J]. Applied Acoustics, 2020, 157: 107021.

[70] Shaska K, Ibrahim R A, Gibson R F. Influence of excitation amplitude on the characteristics of nonlinear butyl rubber isolators [J]. Nonlinear Dynamics, 2007, 47 (1): 83-104.

[71] Luo Y, Liu Y, Yin H P. Numerical investigation of nonlinear properties of a rubber absorber in rail fastening systems [J]. International Journal of Mechanical Sciences, 2013, 69: 107-113.

[72] 周艳国, 屈文忠. 金属橡胶非线性动力学特性建模方法研究 [J]. 噪声与振动控制, 2013 (1): 31-36.

[73] Martins S A M, Aguirre L A. Sufficient conditions for rate-independent hysteresis in autoregressive identified models [J]. Mechanical Systems and Signal Processing, 2016, 75: 607-617.

[74] Hassani V, Tjahjowidodo T, Do T N. A survey on hysteresis modeling, identification and control [J]. Mechanical Systems and Signal Processing, 2014, 49 (1/2): 209-233.

[75] 王赣城. 弹性胶泥阻尼器的振动与冲击实验研究及动力学建模分析 [D]. 上海: 上海交通大学, 2010.

[76] Pekcan G, Mander J B, Eeri M, et al. The Seismic Response of a 1 : 3 Scale Model R. C. Structure with Elastomeric Spring Dampers [J]. Earthquake Spectra, 1995, 11 (2): 249-267.

[77] Mofakhami M R, Toudeshky H H, Hashemi S H. Finite cylinder vibrations with different end boundary conditions [J]. Journal of Sound and Vibration, 2006, 297 (1/2): 293-314.

[78] Gaul L. Dynamical transfer behaviour of elastomer isolators; boundary element calculation and measurement [J]. Mechanical Systems and Signal Processing, 1991, 5 (1): 13-24.

[79] Merideno I, Nieto J, Gil-Negrete N, et al. Constrained layer damper modelling and performance evaluation for eliminating squeal noise in trams [J]. Shock and Vibration, 2014, 2014: 473720.

[80] Stenti A, Moens D, Sas P. A three-level non-deterministic modeling methodology for the NVH behavior of rubber connections [J]. Journal of Sound and Vibration, 2010, 329 (7): 912-930.

[81] Shangguan W B, Lv Z H. Experimental Study and Simulation of a Hydraulic Engine Mount with Fully Coupled Fluid-Structure Interaction Finite Element Analysis Model [J]. Computers & Structures, 2004, 82 (22): 1751-1771.

[82] Shangguan W B, Lv Z H. Modelling of a Hydraulic Engine Mount with Fluid-Structure Interaction Finite Element Analysis [J]. Journal of Sound and Vibration, 2004, 275 (1/2): 193-221.

[83] 上官文斌，吕振华．汽车动力总成液阻悬置液-固耦合非线性动力学仿真［J］. 机械工程学报，2004（8）：80-86.

[84] Liao X, Sun X, Wang H. Modeling and dynamic analysis of hydraulic damping rubber mount for cab under larger amplitude excitation [J]. Journal of Vibroengineering, 2021, 23 (3): 542-558.

[85] 银花．基于分数导数黏弹性理论的车辆-路面作用研究［D］. 南京：南京林业大学，2011.

[86] 杨秀．分数阶偏微分方程高效数值算法及其参数估计［D］. 济南：山东大学，2020.

[87] 刘发旺，庄平辉，刘青霞．分数阶偏微分方程数值方法及其应用［M］. 北京：科学出版社，2015.

[88] Ezz-Eldien S S, Doha E H, Bhrawy A H, et al. A new operational approach for solving fractional variational problems depending on indefinite integrals [J]. Communications in Nonlinear Science and Numerical Simulation, 2018, 57: 246-263.

[89] ISO 10846-1: 2008, Acoustics and vibration—Laboratory measurement of vibro-acoustic transfer properties of resilient elements—Part 1: Principles and guidelines [S].

[90] ISO 10846-2: 2008, Acoustics and vibration—Laboratory measurement of vibro-acoustic transfer properties of resilient elements—Part 2: Direct method for determination of the dynamic stiffness of resilient supports for translatory motion [S].

[91] ISO 10846-3: 2002, Acoustics and vibration—Laboratory measurement of vibro-acoustic transfer properties of resilient elements—Part 3: Indirect method for determination of the dynamic stiffness of resilient supports for translatory motion [S].

[92] ISO 10846-5: 2009, Acoustics and vibration—laboratory measurement of vibro-acoustic transfer properties of resilient elements—Part 5: driving point method for determination of the low-frequency transfer stiffness of resilient supports for translatory motion, 2009 [S].

[93] 李斌商，李俊，徐欣，等．弹性元件振-声传递特性的测试与分析——GB/T 22159 系列标准的技术综述［J］. 噪声与振动控制，2014，34（S1）：49-51.

[94] Morison C, Wang A, Bewes O. Methods for measuring the dynamic stiffness of resilient rail fastenings for low frequency vibration isolation of railways, their problems and possible solutions [J]. Journal of Low Frequency Noise, Vibration and Active Control, 2005, 24 (2): 107-116.

[95] Singh R, Kim G, Ravindra P V. Linear analysis of automotive hydro-mechanical mount with emphasis on decoupler characteristics [J]. Journal of Sound and Vibration, 1992, 158 (2): 219-243.

[96] Fan R, Lu Z. Fixed points on the nonlinear dynamic properties of hydraulic engine mounts and parameter identification method: experiment and theory [J]. Journal of Sound and Vibration, 2007, 305 (4/5): 703-727.

[97] Zhou D, Zuo S, Wu X. A lumped parameter model concerning the amplitude-dependent characteristics for the hydraulic engine mount with a suspended decoupler [J]. SAE Technical Paper, 2019-01-0936, 2019.

[98] Shangguan W B, Guo Y, Wei Y, et al. Experimental characterizations and estimation of the natural frequency of nonlinear rubber-damped torsional vibration absorbers [J]. ASME Journal of Vibration and Acoustics, 2016, 138 (5): 051006.

[99] Verheij J W. Multi-path sound transfer from resiliently mounted shipboard machinery [D]. Delft: TNO Institute of Applied Physics, 1982.

[100] Thompson D J, van Vliet W J, Verheij J W. Developments of the indirect method for measuring the high frequency dynamic stiffness of resilient elements [J]. Journal of Sound and Vibration, 1998, 213 (1): 169-188.

[101] Liu X A, Zhang J, Jia X, et al. Modeling and analysis of dynamic characteristics of rubber isolators for electric vehicles under high-frequency excitation [J]. Proceedings of the Institution of Mechanical Engineers, Part D: Journal of Automobile Engineering, 2023, 237 (12): 2942-2956.

[102] Kari L. Dynamic transfer stiffness measurements of vibration isolators in the audible frequency range [J]. Noise Control Engineering Journal, 2001, 49 (2): 88-102.

[103] Kari L. On the dynamic stiffness of preloaded vibration isolators in the audible frequency range: modeling and experiments [J]. The Journal of the Acoustical Society of America, 2003, 113: 1909-1921.

[104] Li Q, Corradi R, Di Gialleonardo E, et al. Testing and modelling of elastomeric element for an embedded rail system [J]. Materials, 2021, 14 (22): 6968.

[105] Poojary U R, Hegde S, Gangadharan K V. Dynamic blocked transfer stiffness method of characterizing the magnetic field and frequency dependent dynamic viscoelastic properties of MRE [J]. Korea-Australia Rheology Journal, 2016, 28 (4): 301-313.

[106] Campolina B A, Atalla A N, Dauchez N, et al. Four-pole modelling of vibration isolators: Application to SEA of aircraft double-wall panels subjected to mechanical excitation [J]. Noise Control Engineering Journal, 2012, 60 (2): 158-170.

[107] Reina S, Arcos R, Clot A, et al. An efficient experimental methodology for the assessment of the dynamic behaviour of resilient elements [J]. Materials, 2020, 13 (13): 2889.

[108] Herron D. Vibration of railway bridges in the audible frequency range [D]. Southampton: University of Southampton, 2009.

[109] Lin T R, Farag N H, Pan J. Evaluation of frequency dependent rubber mount stiffness and damping by impact test [J]. Applied Acoustics, 2005, 66 (7): 829-844.

[110] Ooi L E, Ripin Z M. Dynamic stiffness and loss factor measurement of engine rubber mount by impact test [J]. Materials and Design, 2011, 32 (4): 1880-1887.

[111] Thompson D J, Verheij J W. The dynamic behaviour of rail fasteners at high frequencies [J]. Applied Acoustics, 1997, 52 (1): 1-17.

[112] Cosco F, Serratore G, Gagliardi F, et al. Experimental characterization of the torsional damping in CFRP disks by impact hammer modal testing [J]. Polymers, 2020, 12 (2): 493.

[113] Vahdati N, Saunders L K L. High frequency testing of rubber mounts [J]. ISA Transactions, 2002, 41: 145-154.

[114] Gejguš T, Schröder J, Loos K, et al. Advanced characterisation of soft polymers under cyclic loading in context of engine mounts [J]. Polymers, 2022, 14 (3): 429.

[115] Zhang X, Thompson D, Jeong H, et al. Measurements of the high frequency dynamic stiffness of railway ballast and subgrade [J]. Journal of Sound and Vibration, 2020, 468: 115081.

[116] Gao X, Feng Q, Wang A, et al. Testing research on frequency-dependent characteristics of dynamic stiffness and damping for high-speed railway fastener [J]. Engineering Failure Analysis, 2021, 129: 105689.

[117] Gao X, Feng Q, Wang Z, et al. Study on dynamic characteristics and wide temperature range modification of elastic pad of high-speed railway fastener [J]. Engineering Failure Analysis, 2023, 151: 107376.

[118] Dickens J D, Norwood C J. Universal method to measure dynamic performance of vibration isolators under static load [J]. Journal of Sound and Vibration, 2001, 244 (4): 685-696.

[119] Sanderson M A. Vibration isolation: moments and rotations included [J]. Journal of Sound and Vibration, 1996, 198 (2): 171-191.

[120] Lee H, Kim K, Lee B, et al. Multi-Dimensional Vibration Power Path Analysis with Rotational Terms Included: Application to a Compressor [C]//Asia-Pacific Vibration Conference, 2001.

[121] Bregar T, Holeček N, Čepon G, et al. Including directly measured rotations in the virtual point transformation [J]. Mechanical Systems and Signal Processing, 2020, 141: 106440.

[122] Huras L, Zembaty Z, Bońkowski P A, et al. Quantifying local stiffness loss in beams using rotation rate sensors [J]. Mechanical Systems and Signal Processing, 2021, 151: 107396.

[123] Mirza W, Kyprianou A, da Silva T A N, et al. Frequency based substructuring and coupling enhancement using estimated rotational frequency response functions [J]. Experimental Techniques, 2024, 48: 423-437.

[124] Ramesh R S, Fredette L, Singh R. Identification of multi-dimensional elastic and dissipative properties of elastomeric vibration isolators [J]. Mechanical Systems and Signal Processing, 2019, 118: 696-715.

[125] Meggitt J W R, Moorhouse A T. Finite element model updating using in-situ experimental data [J]. Journal of Sound and Vibration, 2020, 489: 115675.

[126] de Klerk D, Rixen D J, Voormeeren S N. General framework for dynamic substructuring: history, review and classification of techniques [J]. AIAA Journal, 2008, 46 (5): 1169-1181.

[127] Gardonio P, Brennan M J. On the origins and development of mobility and impedance methods in structural dynamics [J]. Journal of Sound and Vibration, 2002, 249 (3): 557-573.

[128] Forrest J A. Free-free dynamics of some vibration isolators [C]//Annual Conference of the Australian Acoustical Society,2002.

[129] Kim S, Singh R. Examination of high frequency characterization methods for mounts [J]. SAE Technical Paper, 2001-01-1444, 2001.

[130] Fahy F, Gardonio P. Sound and structural vibration: radiation, transmission and response [M]. Boston: Elsevier/Academic, 2007.

[131] Huang X, Zhang Z, Hua H, et al. Hybrid modeling of floating raft system by FRF-based substructuring method with elastic coupling [C]//Dynamics of Coupled Structures,Volume 1: Proceedings of the 32 nd IMAC, A Conference and Exposition on Structural Dynamics. Springer International Publishing, 2014: 83-89.

[132] Forrest J A. Experimental modal analysis of three small-scale vibration isolator models [J]. Journal of Sound and Vibration, 2006, 289 (1/2): 382-412.

[133] Ooi L E, Ripin Z M. Impact technique for measuring global dynamic stiffness of engine mounts [J]. International Journal of Automotive Technology, 2014, 15 (6): 1015-1026.

[134] Noll S, Dreyer J, Singh R. Identification of dynamic stiffness matrices of elastomeric joints using direct and inverse methods [J]. Mechanical Systems and Signal Processing, 2013, 39: 227-244.

[135] Noll S, Dreyer J, Singh R. Comparative assessment of multi-axis bushing properties using resonant and non-resonant methods [J]. SAE International Journal of Passenger Cars-Mechanical Systems, 2013, 6 (2): 1217-1223.

[136] Noll S, Dreyer J, Singh R. Application of a novel method to identify multi-axis joint properties [C]//Dynamics of Coupled Structures, Volume 1: Proceedings of the 32nd IMAC, A Conference and Exposition on Structural Dynamics. Springer International Publishing, 2014: 203-208.

[137] Joodi B, Noll S, Dreyer J, et al. Comparative assessment of frequency dependent joint properties using direct and inverse identification methods [J]. SAE International Journal of Materials and Manufacturing, 2015, 8 (3): 960-968.

[138] Saeed Z, Klaassen S W B, Firrone C M, et al. Experimental joint identification using system equivalent model mixing in a bladed disk [J]. Journal of Vibration and Acoustics, 2020, 142 (5): 051001.

[139] van der Seijs M V. Experimental dynamic substructuring: Analysis and design strategies for vehicle development [D]. Delft: Delft University of Technology, 2016.

[140] Haeussler M, Klaassen S W B, Rixen D J. Experimental twelve degree of freedom rubber isolator models for use in substructuring assemblies [J]. Journal of Sound and Vibration, 2020, 474: 115253.

[141] Haeussler M, Kobus D C, Rixen D J. Parametric design optimization of e-compressor NVH using blocked forces and substructuring [J]. Mechanical Systems and Signal Processing,

2021, 150: 107217.

[142] Oltmann J, Hartwich T, Krause D. Optimizing lightweight structures with particle damping using frequency based substructuring [J]. Design Science, 2020, 6: e17.

[143] Meggitt J W R. On in-situ methodologies for the characterisation and simulation of vibro-acoustic assemblies [D]. Salford: University of Salford, 2017.

[144] Meggitt J W R, Moorhouse A T. In-situ sub-structure decoupling of resiliently coupled assemblies [J]. Mechanical Systems and Signal Processing, 2019, 117: 723-737.

[145] Keersmaekers L, Mertens L, Penne R, et al. Decoupling of mechanical systems based on in-situ frequency response functions: The link-preserving, decoupling method [J]. Mechanical Systems and Signal Processing, 2015, 58/59: 340-354.

[146] Wang Z, Cheng L, Lei S, et al. An in-situ decoupling method for discrete mechanical systems with rigid and resilient coupling links [J]. Applied Acoustics, 2022, 195: 108853.

[147] Meggitt J W R, Elliott A S, Moorhouse A T, et al. In situ determination of dynamic stiffness for resilient elements [J]. Proceedings of the Institution of Mechanical Engineers, Part C: Journal of Mechanical Engineering Science, 2016, 230 (6): 986-993.

[148] Moorhouse A, Elliot A S, Heo Y H. Intrinsic characterisation of structure-borne sound sources and isolators from in-situ measurements [C]//Proceedings of Meetings on Acoustics ICA2013. AIP Publishing, 2013, 19 (1): 065053.

[149] Reichart R, Cho M, Song D P, et al. How virtual points, component TPA, and frequency-based substructuring disrupted the vehicle suspension development process [C]//In Society for Experimental Mechanics Annual Conference and Exposition, Dynamic Substrucutres. Cham: Springer Nature Switzerland, 2023: 67-72.

[150] Wagner P, Hülsmann A P, van der Seijs M V. Application of dynamic substructuring in NVH design of electric drivetrains [C]//In 29th International Conference on Noise and Vibration Engineering, ISMA 2020 and 8th International Conference on Uncertainty in Structural Dynamics (USD), Leuven, Belgium, Sept. 7-9, 3365-3381.

[151] van der Kooij M W, Klaassen S W B, Huelsmann A P. Using dynamic substructuring and component TPA to shape the NVH experience of a full-electric vehicle [J]. SAE Technical Paper, 2022-01-0988.

[152] Lapčík Jr L, Augustin P, Píštěk A, et al. Measurement of the dynamic stiffness of recycled rubber based railway track mats according to the DB-TL 918. 071 standard [J]. Applied Acoustics, 2001, 62 (9): 1123-1128.

[153] Kari L. Audible-frequency stiffness of a primary suspension isolator on a high-speed tilting bogie [J]. Proceedings of the Institution of Mechanical Engineers, Part F: Journal of Rail and Rapid Transit, 2003, 217 (1): 47-62.

[154] Fredette L, Dreyer J T, Rook T E, et al. Harmonic amplitude dependent dynamic stiffness of hydraulic bushings: Alternate nonlinear models and experimental validation [J]. Mechanical Systems and Signal Processing, 2016, 75: 589-606.

[155] Harris J A. Dynamic testing under nonsinusoidal conditions and the consequences of

nonlinearity for service performance [J]. Rubber Chemistry and Technology, 1987, 60 (5): 870-887.

[156] Kooijman P P, Verheij J W. Dynamic stiffness and damping variation in elastic rail pads during wheel passages and its influence on track noise [C]//Sixth International Congress on Sound and Vibration,5-8 July 1999, 2653-2660.

[157] Sjöberg M, Kari L. Testing of nonlinear interaction effects of sinusoidal and noise excitation on rubber isolator stiffness [J]. Polymer testing, 2003, 22 (3): 343-351.

[158] 倪振华. 振动力学 [M]. 西安: 西安交通大学出版社, 1989.

[159] Mallik A K, Kher V, Puri M, et al. On the modeling of non-linear elastomeric vibration isolators [J]. Journal of Sound and Vibration, 1999, 219 (2): 239-253.

[160] Sun X, Zhang C, Fu Q, et al. Measurement and modelling for harmonic dynamic characteristics of a liquid-filled isolator with a rubber element and high-viscosity silicone oil at low frequency [J]. Mechanical Systems and Signal Processing, 2020, 140: 106659.

[161] Yang P, Tan Y, Yang J, et al. Measurement, simulation on dynamic characteristics of a wire gauze-fluid damping shock absorber [J]. Mechanical Systems and Signal Processing, 2006, 20: 745-756.

[162] Chen X, Shen Z, He Q, et al. Influence of uncertainty and excitation amplitude on the vibration characteristics of rubber isolators [J]. Journal of Sound and Vibration, 2016, 377: 216-225.

[163] Roncen T, Sinou J J, Lambelin J P. Experiments and nonlinear simulations of a rubber isolator subjected to harmonic and random vibrations [J]. Journal of Sound and Vibration, 2019, 451: 71-83.

[164] Bian J, Jing X. Analysis and design of a novel and compact X-structured vibration isolation mount (X-Mount) with wider quasi-zero-stiffness range [J]. Nonlinear Dynamics, 2020, 101 (4): 2195-2222.

[165] Lakes R. Viscoelastic materials [M]. New York: Cambridge University Press, 2009.

[166] Meram A. Dynamic characterization of elastomer buffer under impact loading by low-velocity drop test method [J]. Polymer Testing, 2019, 79: 106013.

[167] Adiguna H, Tiwari M, Singh R, et al. Transient response of a hydraulic engine mount [J]. Journal of Sound and Vibration, 2003, 268: 217-248.

[168] He S, Singh R. Discontinuous compliance nonlinearities in the hydraulic engine mount [J]. Journal of Sound and Vibration, 2007, 307: 545-563.

[169] Ohlrich M. Predicting transmission of structure-borne sound power from machines by including terminal cross-coupling [J]. Journal of Sound and Vibration, 2011, 330: 5058-5076.

[170] van der Seijs M V, de Klerk D, Rixen D J. General framework for transfer path analysis: History, theory and classification of techniques [J]. Mechanical Systems and Signal Processing, 2016, 68/69: 217-244.

[171] Thompson D. Railway noise and vibration: mechanisms, modelling and means of control [M]. Oxford: Elsevier, 2008.

[172] Ruzicka J E, Derby T F. Influence of damping in vibration isolation [M]. US: Department of Defense, the Shock and Vibration Information Center, 1971.

[173] Ahmad N, Thompson D J, Jones C J C, et al. Predicting the effect of temperature on the performance of elastomer-based rail damping devices [J]. Journal of Sound and Vibration, 2009, 322: 674-689.

[174] Nashif A D, Jones D I G, Henderson J P. Vibration damping [M]. New York: Wiley, 1985.

[175] Ewins D J. Modal testing: theory, practice and application (Second Edition) [M]. Baldock, Herts: Research Studies Press, 2000.

[176] 王光．硫化橡胶动态性能试验方法 [J]．噪声与振动控制，1897 (3): 52-57.

[177] 孙小娟．具有液阻特性悬置的工程机械驾驶室隔振系统建模与特性分析 [D]．南京：东南大学，2013.

[178] Nayfeh A H, Mook D T. Nonlinear Oscillations [M]. Weinheim: Wiley-VCH Verlag GmbH & Co. KGaA, 2004.

[179] Sun X, Zhang H, Meng W, et al. Primary resonance analysis and vibration suppression for the harmonically excited nonlinear suspension system using a pair of symmetric viscoelastic buffers [J]. Nonlinear Dynamics, 2018, 94 (2): 1243-1265.

[180] Waters T P, Hyun Y, Brennan M J. The effect of dual-rate suspension damping on vehicle response to transient road inputs [J]. ASME Journal of Vibration and Acoustics, 2009, 131 (1): 011004.

[181] Balike K P, Rakheja S, Stiharu I. Influence of suspension kinematics and damper asymmetry on the dynamic responses of a vehicle under bump and pothole excitations [J]. SAE Technical Papers 2010-01-1135.

[182] Nie S, Zhuang Y, Wang Y, et al. Velocity & displacement-dependent damper: A novel passive shock absorber inspired by the semi-active control [J]. Mechanical Systems and Signal Processing, 2018, 99: 730-746.

[183] Silveira M, Pontes Jr B R, Balthazar J M. Use of nonlinear asymmetrical shock absorber to improve comfort on passenger vehicles [J]. Journal of Sound and Vibration, 2014, 333: 2114-2129.

[184] Ledezma-Ramirez D F, Ferguson N S, Brennan M J. An experimental switchable stiffness device for shock isolation [J]. Journal of Sound and Vibration, 2012, 331: 4987-5001.

[185] Ledezma-Ramirez D F, Ferguson N S, Brennan M J. Shock isolation using an isolator with switchable stiffness [J]. Journal of Sound and Vibration, 2011, 330: 868-882.

[186] Hou C Y. Fluid dynamics and behavior of nonlinear viscous fluid dampers [J]. ASCE Journal of Structural Engineering, 2008, 134 (1): 56-63.

[187] Rittweger A, Albus J, Hornung E, et al. Passive damping devices for aerospace structures [J]. Acta Astronautica, 2002, 50 (10): 597-608.

[188] White F M. Fluid mechanics [M]. 7th ed. New York: McGraw-Hill Education, 2011.

[189] Jia J H, Shen X Y, Hua H X. Viscoelastic behavior analysis and application of the fractional

derivative Maxwell model [J]. Journal of Vibration and Control 2007, 13 (4): 385-401.

[190] Bagley R L, Torvik P J. On the fractional calculus model of viscoelastic behavior [J]. Journal of Rheology, 1986, 30 (1): 133-155.

[191] Friedrich C. Relaxation and retardation functions of the Maxwell model with fractional derivatives [J]. Rheologica Acta, 1991, 30: 151-158.

[192] Liu L, Feng L, Xu Q, et al. Flow and heat transfer of generalized Maxwell fluid over a moving plate with distributed order time fractional constitutive models [J]. International Communications in Heat and Mass Transfer, 2020, 116: 104679.

[193] Moosavi R, Moltafet R, Shekari Y. Analysis of viscoelastic non-Newtonian fluid over a vertical forward-facing step using the Maxwell fractional model [J]. Appled Mathematics and Computation, 2021, 401: 126119.

[194] Koeller R C. Applications of fractional calculus to the theory of viscoelasticity [J]. Journal of Applied Mechanics, 1984, 51: 299-307.

[195] Bird R B, Armstrong R C, Hassager O. Dynamics of polymeric liquids [M]. New York: John Wiley and Sons, 1987.

[196] Christopherson J, Jazar G N. Dynamic Behavior Comparison of Passive Hydraulic Engine Mounts. Part 1: Mathematical Analysis [J]. Journal of Sound and Vibration, 2006, 290 (3/4/5): 1040-1070.

[197] Sun X, Yang Y. Modelling comparison for harmonic dynamic characteristics of a silicone-oil-filled rubber isolator and response analysis of a single DOF system [J]. International Journal of Heavy Vehicle Systems, 2023, 30 (4): 401-425.

[198] Kandil A, Eissa M. Improvement of positive position feedback controller for suppressing compressor blade oscillations [J]. Nonlinear Dynamics, 2017, 90 (3): 1727-1753.

[199] Li L, Zhang Q, Wang W, et al. Nonlinear coupled vibration of electrostatically actuated clamped-clamped microbeams under higher-order modes excitation [J]. Nonlinear Dynamics, 2017, 90 (3): 1593-1606.

[200] Liu F, Xiang C, Liu H, et al. Nonlinear vibration of permanent magnet synchronous motors in electric vehicles influenced by static angle eccentricity [J]. Nonlinear Dynamics, 2017, 90 (3): 1851-1872.

[201] Stahl P, Jazar G N. Frequency response analysis of piecewise nonlinear vibration isolator [C]//Proceedings of IDETC/CIE 2005, ASME International Design Engineering Technical Conferences and Computers and Information in Engineering Conference. 2005: 24-28.

[202] Stahl P, Jazar G N. Stability analysis of a piecewise nonlinear vibration isolator [C]//Proceedings of IMECE2005, ASME International Mechanical Engineering Congress and Exposition. 2005: 5-11.

[203] Hao Z, Cao Q, Wiercigroch M. Two-sided damping constraint control strategy for high-performance vibration isolation and end-stop impact protection [J]. Nonlinear Dynamics, 2016, 86 (4): 1-16.

[204] Babitsky V I, Veprik A M. Universal bumpered vibration isolator for severe environment [J].

Journal of Sound and Vibration, 1998, 218 (2): 269-292.

[205] Deshpande S, Mehta S, Jazar G N. Optimization of secondary suspension of piecewise linear vibration isolation systems [J]. International Journal of Mechanical Sciences, 2006, 48 (4): 341-377.

[206] Jazar G N, Mahinfalah M, Deshpande S. Design of a piecewise linear vibration isolator for jump avoidance [J]. Proceedings of the Institution of Mechanical Engineers Part K, Journal of Multi-Body Dynamics, 2007, 221 (3): 441-450.

[207] Brennan M J, Kovacic I, Carrella A, et al. On the jump-up and jump-down frequencies of the duffing oscillator [J]. Journal of sound and vibration, 2008, 318: 1250-1261.

[208] Tora G. Study Operation of the Active Suspension System of a Heavy Machine Cab [J]. Journal of Theoretical and Applied Mechanics, 2010, 48 (3): 715-731.

[209] Sun X, Zhang J. Displacement transmissibility characteristics of harmonically base excited damper isolators with mixed viscous damping [J]. Shock and Vibration, 2013, 20 (5): 921-931.

[210] 周长峰. 非公路车辆非线性橡胶悬架系统动力学建模、优化与试验研究 [D]. 南京: 东南大学, 2007.

[211] Pazooki A, Rakheja S, Cao D. Modeling and Validation of Off-Road Vehicle Ride Dynamics [J]. Mechanical Systems and Signal Processing, 2012, 28: 679-695.

[212] Pazooki A, Cao D, Rakheja S, et al. Experimental and Analytical Evaluations of a Torsio-Elastic Suspension for Off-Road Vehicles [J]. SAE International Journal of Materials & Manufacturing, 2010, 3 (1): 326-338.

[213] Kordestani A. Ride Vibration and Compaction Dynamics of Vibratory Soil Compactors [D]. Montreal: Concordia University, 2010.

[214] Kordestani A, Rakheja S, Marcotte P, et al. Analysis of Ride Vibration Environment of Soil Compactors [J]. SAE International Journal of Commercial Vehicles, 2010, 3 (1): 259-272.

[215] 李德葆, 陆秋海. 工程振动试验分析 [M]. 北京: 清华大学出版社, 2004.

[216] Harris C M. Shock and Vibration Handbook [M]. New York: McGraw-Hill, 1988.

[217] Jazar G N, Golnaraghi M F. Nonlinear Modeling, Experimental Verification, and Theoretical Analysis of a Hydraulic Engine Mount [J]. Journal of Vibration and Control, 2002, 8 (1): 87-116.

[218] 中国机械工业联合会. 土方机械　声功率级的测定　定置试验条件: GB/T 25612—2010 [S].

[219] 中国机械工业联合会. 土方机械　声功率级的测定　动态试验条件: GB/T 25614—2010 [S].